U0260219

时装画

SHIZHUANGHUA RENTI JI ZHUOZHUANG BIAOXIAN

人体及着装表现

| 唐俊 ◦ 著 |

四川大学出版社

责任编辑:梁　平
责任校对:杜　彬
封面设计:璞信文化
责任印制:王　炜

图书在版编目(CIP)数据

时装画人体及着装表现 / 唐俊著. —成都：四川大学出版社，2018.5
ISBN 978－7－5690－1875－2

Ⅰ.①时…　Ⅱ.①唐…　Ⅲ.①服装设计－绘画技法
Ⅳ.①TS941.28

中国版本图书馆 CIP 数据核字（2018）第 111983 号

书名　**时装画人体及着装表现**

著　　者　唐　俊
出　　版　四川大学出版社
地　　址　成都市一环路南一段 24 号 (610065)
发　　行　四川大学出版社
书　　号　ISBN 978－7－5690－1875－2
印　　刷　四川盛图彩色印刷有限公司
成品尺寸　185 mm×260 mm
印　　张　11.25
字　　数　272 千字
版　　次　2018 年 10 月第 1 版
印　　次　2018 年 10 月第 1 次印刷
定　　价　68.00 元

◆读者邮购本书,请与本社发行科联系。
电话:(028)85408408/(028)85401670/
(028)85408023　邮政编码:610065
◆本社图书如有印装质量问题,请
寄回出版社调换。
◆网址:http://press.scu.edu.cn

目　　录

第一章　时装画概述

课题名称：时装画概述

课题内容：什么是时装画、时装画的分类、时装画人体及着装的特点、时装画的作用、本门课程的学习要点、学习本门课程中的常见问题

课题时间：理论 2 课时

教学目的：识记时装画的概念、时装画的分类；理解时装画、时装画人体着装的特点，理解装画中的美化、夸张、概括；了解时装画在服装设计中的作用、人体在时装画中的作用、本门课程学习的特点、学习方法、本门课程的学习过程中的常见问题及可能会遇到的问题

教学重点：什么是时装画、时装画的分类

教学难点：什么是时装画

教学方式：教师课堂讲授、提问，学生分组讨论等多种方式

必备工具：签字笔

第一节　什么是时装画

一、时装画的概念

时装画是一种以服装服饰为主要内容以表现时尚为题材的绘画类别，根据表现目的的不同可以分为时装效果图、时装插画、平面款式图、服装设计草图等。时装画是一种展示人体着装后的效果、气氛，兼具艺术性和服装工艺技术性及时代特点的特殊画种。

在时装画中，服装服饰作为表现时尚的主要内容，是时装画的主体；而人仅仅是作为表现时尚信息的一种载体而存在。因为题材时尚，时装画与流行有着较大的关系。同时，时装画作为服装行业的一部分，对服装服饰的设计起着十分重要的作用。服装生产、销售也与时装画有一些关联。可以说，时装画是衔接时装设计师与板师、工艺师、消费者的桥梁。

时装画具有审美与实用的双重性质：一方面，时装画具有较强的功能性，要能够清晰准确地表现时装与着装者的关系；另一方面，时装画是一种艺术形式，从其他艺术中汲取养分，是作者主观艺术情感的表现。

二、时装画的发展简史

（一）早期时装画的发展

虽然在历史上，各个时期的洞穴画、墓室画、镶嵌画、肖像画以及其他诸如雕塑等艺术形式，为我们展现了服装的演变过程，但这些艺术形式都不是以表现服装为目的而创作的，因此与时装画有本质的差别。

时装画的发展与世界服装史的发展和变迁有着莫大的关系。时装画起源于插图，可以追溯到 16 世纪，与印刷术的产生和发展密不可分。随着西方文艺复兴时期的到来，西方服装得到了空前的发展，出现了一些定期反映贵族生活的绘画杂志，其中包括精美的服饰绘画，代表了当时的流行趋势。这些绘画杂志中反映贵族服饰的图画就是最早的时装画。当时的印刷技术还不发达，这些图画以版画的形式在上层社会小规模传播。纵观时装画的历史，时装画以版画为载体进行传播持续了近三百年。

（二）时装画的发展与传播

随着文艺复兴思潮席卷欧洲，不同国家和地区出现一些不同特点的服饰。服装的流行也在此时愈演愈烈。于是，一些出版物以版画的形式刊登不同地区时装变迁的时装画。据统计，文艺复兴时期，从 1520 年到 1610 年，就有超过 200 幅表现不同时装形象的版画、蚀刻画、木刻画。也就是在这一时期，一些艺术家开始专注于以插画的形式专门表现不同地域的服装服饰，以满足欧洲女性对时尚与流行的需要。当时最出名的一幅插画出自艺术家 Cesare Vecellio 之手，其中展现了从欧洲到土耳其乃至东方的 420 多套服装。

17 世纪，法国女性的穿衣方式开始影响整个欧洲。1672 年，最早的时尚类刊物 *Le Mercure Galant*（《勒梅尔嘉兰特》）诞生。那时摄影尚未被发明，最新的服装款式以插画的形式被广泛传播。1770 年 8 月，英国诞生了世界上第一本真正意义上的商业时装杂志 *The Lady's Magazine*（《妇女杂志》），时装杂志成了时装画传播的主要形式。早期的时装杂志以记录当时的服装款式为主。18 世纪末 19 世纪初，德国成了出版业的重镇，法国也确立了时尚业的中心地位。更多出版物开始报道时尚，时装画也因此获得了更广阔的舞台。19 世纪中后期，很多知名的时尚杂志陆续创刊，如 *Harper's Bazaar*（《哈泼时尚》，1867 年美国版创刊）、*Marie Claire*（《嘉人》，1937 年法国版创刊）、*VUGUE*（《时尚》，1940 年美国版创刊）、*ELLE*（《世界时装之苑》，1945 年法国版创刊），很多设计师及时尚插画家的作品得以面向大众。Paul Poiret（保罗·波列）、Alphonse Mucha（阿尔丰斯·穆夏）、Carl Ericson（卡尔·埃里克森）、Antonio Lopez（安东尼奥·洛佩兹）等一大批知名设计师及时尚插画家横空出世，极大地丰富了时装画的表现形式。1838 年，法国物理学家达盖尔发明了摄影技术；1904 年，法国的卢米埃尔兄弟发明了彩色摄影技术。摄影技术发明后，时装画的地位不可避免地受到了影响，时装画的时尚传播地位逐渐被摄影取代。

（三）现代时装画的发展

20 世纪初，时装画迎来了新的发展局面。高端时尚杂志培育了大量专业时装插画家，*Harper's Bazaar* 也使用插画作为杂志封面。随着服装行业的发展及时尚流行的变化，人们对时装画有了更新的认识。第二次世界大战之后，人类社会文化思想、艺术思潮和艺术形式进一步丰富与活跃，信息传播的方式也进入了多元化的时代，加上服装行业迅猛发展，陷入低谷的时装画得以复苏，进入了一个新的发展时期。在 CoCo Chanel（可可香奈儿）、Christian Dior（克里斯汀迪奥）等大师及其品牌的推动下，时装画逐渐转变为一种商业艺术。插画大师 David Downton（大卫唐顿）更是以其无与伦比的才华创作了无数令人惊艳的时装画，成为难以超越的经典。这一时期的时装画极大地受到了现代艺术的影响，波普艺术、欧普艺术、平面设计、极简主义等，都在时装画的发展中留下了痕迹。尤其是近二十年来的 CG 技术的应用，更是为时装画的发展拓宽了空间。

如今，时装画已经发展成为时尚的一部分，不再只是以杂志插图或者设计效果图的形式而存在，而是成了知名广告的灵感来源、大牌设计的跨界合作、火热单品的行销新计。Prada 2002 年的秋冬广告就是以 1937 年 *Harper's Bazaar* 上刊登的插画家 Jean Cocteau 手绘的 Madame Grs 裙装为灵感的。时装画作为一种炙手可热的商业艺术成了诸多商家的合作选择。

三、时装画的特点

（一）针对性

历史上传承下来的绘画作品千千万万，无论是法国画家布歇笔下雍容华贵的《蓬巴杜夫人》（如图 1－1），还是中国唐代吴道子笔意灵动的《八十七神仙卷》（如图 1－2），都表现出艺术家对着装美的追求。不过，这些传世杰作都不能被称为时装画，因为它们表现的主体都不是服装，服装仅仅是作为人物的附属品而存在。绝大多数时候，时装画离不开两大元素，一是人，二是服装服饰。和漫画、CG 插画、油画主要表现人物不同，时装画重点表现的是着装状态，而非人物本身。至于环境背景，那更是附属、衬托的部分，完全根据画面的需要来决定其是否存在。

图 1－1　布歇《蓬巴杜夫人》

图 1－2　吴道子《八十七神仙卷》局部

（二）时尚性

时装画与其他类别的绘画有着较大区别，时装画传达的最重要的信息是时尚。时装与流行有着密不可分的关系，时装画亦是如此。时装画的艺术风格及处理手法与时代审美及发展有着必然联系。时装画反映的是时代的精神，同时也反映出时代的政治、经济、文化背景。比如，第二次世界大战时期的时装画中鲜明的军服化特色就反映出当时人们审美的特点，以及动荡、战乱的政治背景。不得不注意的是，时代在发展，流行在更迭，世界的形势在变化。在这样的背景下，如何把握艺术及审美的走向，整合流行的元素及信息、捕捉时尚的规律，并融入时装画创作中，是时装画作者必须具备的基本专业素养。

（三）技法与风格的多样性

可用于表现时装画的工具十分丰富，除了铅笔、毛笔、马克笔、水彩、色粉笔、油画棒等手绘类的工具之外，计算机软件辅助设计在时装画中的运用也是十分常见的，比如 Adobe Photoshop、Adobe Illustrator、CorelDRAW 等。此外，时装画的风格也是多种多样的，有侧重于表现面料实际效果的写实风格，有偏向于夸张变形的夸张风格，有注重于从形式和色彩等方面来表现画面装饰特点的装饰风格，还有以简练概括的线条及手法来表现的简约风格。除了上述风格之外，还有速写风格、写意风格、怪诞风格、卡通风格、拼贴风格等。用于表现时装画的工具不仅可以在单独使用时根据笔触和手法的变化形成多种风格，而且可以和其他的工具甚至电脑软结合，故技法和风格的多样性是时装画的一大重要特点。也正是因为如此，时装画的创作空间也就更加广阔，设计师可以根据自己对时尚的理解随意选择技法和风格进行时装画创作及表现。

（四）商业性

相对于其他类型的绘画，时装画的商业性较为明显。有些商业海报直接以时装画的形式进行表现。另外，时装画在表现时通过将人体比例拉长来达到美化人体的效果，如此表现出来的人物不仅身材高挑，着装效果也是极佳的。将其运用于商业宣传中，可以有利于直观地表现服装立体着装效果，激发人们对时尚的向往和追求。

本节课后实践内容：

1. 结合本节知识，尝试了解更多与时装画有关的知识内容。
2. 识记时装画的概念。

本节思考题：

1. 时装画发展史与西方绘画史、设计史有何关联？
2. 你是如何理解时装画的？

第二节　时装画的分类

根据用途的不同，时装画可以分为服装效果图、时装插画、服装平面款式图、服装设计草图。

一、服装效果图

思维是抽象的。通常，我们用语言来表达抽象的设计思维时，同样的描述不同的人会有不同的理解。而绘画则是具象的，设计者可以通过将自己的构想以绘画的形式准确地把设计意图传达给他人。根据表现目的不同，服装效果图可以分为服装设计效果图和流行趋势预测手稿两类。

（一）服装设计效果图

服装设计效果图是服装设计师用于表达设计意图的一种方式，设计者把脑海中对于服装服饰的某种预想或设计用绘画的形式表现出来。服装设计效果图是设计师用来捕捉创作灵感的一种方法，也是展现服装外观形式美和服装结构的手段之一。服装设计效果图的表现不拘泥于形式，只要能将设计意图完整地表达，设计师可以任意选择，图1－3至图 1－6 是不同技法表现的服装设计效果图。服装设计效果图的作用主要表现为：一方面，帮助设计师表达出服装各部位的比例结构，并为打样板和缝制提供依据；另一方面，服装设计效果图也是设计师用于沟通的一种手段，可以帮助设计师为客户提供准确的设计意图和流行信息。

图 1－3　《绚舞》

图 1－4　钟雅露《快乐童年》

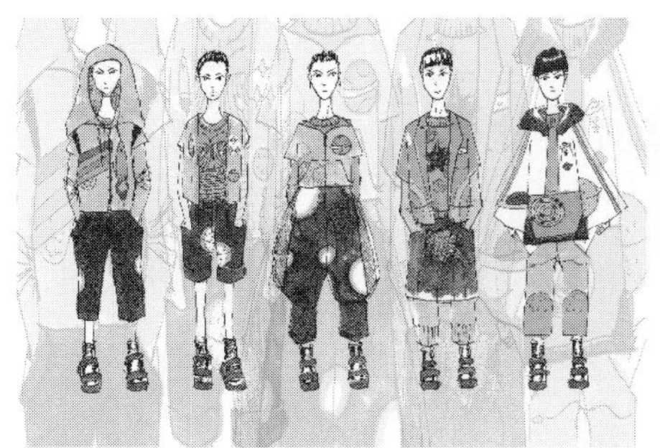
图 1—5　姚柯咏晋《小怪兽的宇宙之旅》

图 1—6 黄菱晰《异》

（二）流行趋势预测手稿

流行趋势预测手稿是用于预测流行的手绘着装效果图，无论是服装的色彩、款式还是面料，都是接下来即将广泛流行的。因此，流行趋势预测手稿具有时尚、前卫的特点，通常在时装杂志中用于流行趋势预测。

二、时装插画

时装插画由插图演变而来，原指书籍插图中表现女性着装的插图，后来经过演变形成一种独立的绘画艺术。时装插画是以人、服装服饰为元素，运用各种艺术手段表现时尚流行的插画形式。时装插画可以细分为艺术欣赏时装画及商业时尚插画两类。

（一）艺术欣赏时装画

艺术欣赏时装画是时装画中着重于艺术表现的一种插画形式。创作者通过对画面的构图、人物服饰及造型、色彩、角色、背景、空间关系、视觉艺术效果进行设计，而后选择恰当的艺术手法进行表现，最终形成集时尚感、视觉感、装饰感、艺术感于一体的插画效果。如图 1—7 至图 1—11 所示，创作者在表现时仅仅利用时尚元素进行插画创作，而非为了一个直接的目的进行设计。艺术欣赏时装画是时装画中的纯艺术的一种表现形式。

图 1—7　杨瑞琪《青瓷》

图 1—8　柯纯 *Angela*

图 1—9　刘铭《花姑娘》

图 1—10　张洪波《肆逸》

图 1—11　王乙安《黑与白》

（二）商业时尚插画

与艺术欣赏时装画不同，商业时尚插画具有强烈的商业目的，是一种以商业盈利为目的、以时尚为题材的插画艺术，如图 1—12 至图 1—14 所示。商业时尚插画常见于海报、服饰宣传画报、时尚杂志甚至包装等方面。一些服饰品牌，如古驰、高田贤三等，常常以提高商业运营为目的聘请国际上知名的时尚插画师为其创作宣传画报。

图 1—12　黄菱晰《秘 1》

图 1—13　黄菱晰《秘 4》

图 1—14　黄菱晰《境》

三、服装平面款式图

服装平面款式图是设计师在表达设计意图中不可缺少的部分。服装平面款式图是将服装款式结构、工艺特点、装饰配件及制作流程进一步细化形成的具有切实科学依据的示意图，结合服装设计效果图用于辅设计师完整地表达设计意图。必要时可以添加简练的文字辅助说明，或者附上面料小样。服装平面款式图严格遵从服装本来的比例关系，目的是为服装的实际生产提供准确的依据。因此，服装平面款式图的表现与其他类型的时装画有较大的差别，详见本书第七章第六节。

四、服装设计草图

服装设计草图是用来表现时装意图氛围的，是设计师以快捷方便的形式对思维成果的一种记录。服装设计草图是设计师用来捕捉创作灵感的一种方法，既可以用在服装款式设计构思中，也可以用于时装插画的构思。设计师为了迅速地将一闪而过的灵感进行记录，通常对人体，尤其是头部进行概括处理，重点处理服装的外部轮廓造型及大致的着装效果。服装设计草图是服装设计效果图的雏形（如图 1－15 所示），通过对服装设计草图的进一步细化和落实，设计师可以得到完整的服装设计效果图，结合平面款式图即可完整地展现设计方案。

图 1－15

本节课后实践内容：

1. 识记时装画的分类。
2. 结合本节知识尝试收集时装画，并对它们进行分类。

本节思考题：

1. 时装画是否还有其他的分类法？
2. 各类时装画分别侧重表现什么？

第三节 时装画人体及着装的特点

时装画是一种表现美的艺术，对“美”的追求与其他艺术形式是一样的。因此，在时装画的表现中，除平面款式图之外的其他类型的时装画无论是对人体还是服饰，都需要进行一些艺术处理。这些手法主要为：美化、夸张、概括。

一、美化

在时装画中，美化的运用主要表现为两方面：一是对人体的美化；二是对着装状态的美化。人体美化主要包括头部美化和人体比例美化。在头部的表现中，我们需要将五官、脸型、发型进行美化处理。睫毛拉长、鼻梁画得更挺、眉毛处理得浓淡适宜、嘴唇表现得水润饱满、脸型处理成鹅蛋脸、发型表现得光泽亮丽，这些都是在头部表现时的美化手法。时装画中通过将人体比例拉长来达到美化人体的目的，主要表现为将人体比例从7头身拉至9头身，拉长部分主要为四肢。因此，“大长腿”在时装画中是一种普遍现象。在东西方文化中对于高个子更美这条标准似乎没有什么异议。但值得提出的是，东西方审美在五官、脸型等方面存在一定的差异性。但美化不是仅按照东方人的审美标准来表现。另外，时装画对人体的美化，尤其对五官的美化，如发型、眉型、眼影的颜色、妆容的细节表现都与流行有着较大的关系，切不可忽略流行对人们审美产生的影响。

我们知道，同一套服装在不同的环境中会形成不一样的着装状态。比如，一条雪纺裙子，在微风吹过时和完全没有风的情况下所形成的着装状态截然不同。同一套服装从不同角度来看会给人不同的感觉。时装画是一种在二维平面内进行创作表现的艺术形式，因此，角度和环境的选择对于设计意图的表达有着极大的影响。而我们在服装效果图、时装插画表现时，通常会选择最佳的表现角度、最美的着装状态对服装服饰进行美化。从设计的角度来说，美化“更有利于设计意图的表现。从插画的角度来说，美化是一种艺术思维形式，将使插画作品更富有感染力。

二、夸张

时装画是一种具有夸张特征的绘画，几乎所有的时装画都有夸张的因素。在时装画艺术中，夸张和美化是同时存在的。美化在一定程度上需要进行夸张处理，但美化和夸张又有着较大的不同。美化是在一般情况之下通过进行略微调整以达到更完美的状态，夸张则是突出表现人体的局部特征或服装的局部细节，使服装形态和人物形态都得到不同程度的宣扬和强调，以达到突显主题、强调服装特性的目的。在人体的夸张方面有对人体比例、人体动态、脸部五官等的夸张。服装的夸张一般是夸张轮廓型，缩小头部，拉长身材。长的更长、细的更细、大的更大，营造一种气势，形成完整和谐的夸张整体，以突出和强化画面的主题。夸张手法最适合表达作者的情感和追求，适合表达风格独特、形态新颖的新潮服装。如果说时装画中将人体比例从7头身拉至9头身是一种美化，那么将人体比例拉至13头身甚至更高就是一种夸张。

三、概括

时装画的表现和写实性素描有着较大的不同，要求作者具备一定的形象概括能力。时装画注重人物形态的自然和优美，但更强调简练概括。不管是人体还是服饰，在表现时都要求线条简练而不失丰富、流畅自然、不拘小节。尤其在褶皱的表现时，运用概括手法选择主要的、对服装造型起着决定性作用的褶皱进行处理是非常有必要的，处理不好将使效果大打折扣。在服装效果图、时装插画表现时，需要对人体进行概括处理。过多地表现人体将容易出现喧宾夺主、本末倒置的情况。

本节课后实践内容：

1. 什么是时装画中的美化、夸张与概括?
2. 找一幅你喜欢的时装插画，分析作品中运用了哪些时装画艺术手法，具体又是如何运用的。

本节思考题：

1. 不同风格的时装画在艺术手法的运用上是否会存在不同?
2. 为何时装画要运用美化、夸张与概括的手法来表现?

第四节　时装画的作用

时装画的作用是多方面的，不同类型的时装画的作用和意义不同。随着时代的发展和变化，其作用和意义也将产生变化。纵观时装画发展史，时装画从最早的信息传递作用，发展到不仅是作为一种手段来传达设计师的意图，而且成为一种具有独特魅力的插画艺术形式用表现独特的美的内涵，最终作为一种商业艺术成为时尚的一部分。如今，时装画的审美宣传功能以及适用范围不断扩大，时装画的概念也愈加广泛。随着科技的发展，时装画的风格技巧也将越来越丰富多样。

一、时装画在服装设计中的作用

（一）时装画与服装设计师

对于设计师而言，时装画的作用首先是用于表达设计与构思、体现设计效果，有时也成为一种沟通交流的手段。其形式主要表现为服装设计草图、服装效果图、平面款式图。其次，则是用于提高设计师的审美与鉴赏能力，其形式更多表现为时装插画。再次，时装画是设计师展现设计风格、传达时尚信息、体现设计个性的重要手段。设计大师对于服装服饰的设计不仅仅是设计图纸，对于时尚流行和品牌的运作而言，大师的手稿更多的是一种时尚概念和精神，具有其他艺术无法替代的作用。有时，大师的手稿也会作为品牌新款设计的重要组成部分，成为品牌运作的重大亮点进行推广。

（二）时装画与时尚杂志

时装画的产生与出版物，尤其与时尚杂志的发展有着密不可分的关系。如今，时装画在时尚杂志中依然承担着重要的宣传作用。时尚杂志中尤其是服饰设计流行趋势部分，大量的流行趋势预测手稿用于传递最新的时尚资讯。*VOGUE*、*ELLE* 等著名国际时尚杂志以及国内的《服装设计师》在流行趋势相关版面都有大量流行趋势预测手稿。此外，时装插画也常常作为时尚杂志的封面出现。*VOGUE* 早期的封面几乎都是时装插画，国内唯一服装设计类专业时尚刊物杂志《服装设计师》从创刊至今，其封面几乎都是时装插画。

（三）时装插画与审美

时装插画兼具美术创作与服装设计之特点，强调时尚与创意。通过将自身对时尚与服饰的感受与艺术形式进行结合，并进行创作的专业画家以及在时装绘画方面有特长的设计师都可以称为时装画家。时装画家根据不同的需要，运用富于创意的形式语言来表现着装与时尚的魅力，表达人们对生活的美好追求、对形体与服饰的赞美。时装插画作为艺术的一种形式，具有陶冶情操、净化心灵的作用。对于服装设计者而言，时装插画是一种提高设计素养与审美的方式。

二、人体在时装画中的作用

人体是时装画学习中最为重要的基础，无论时装画的风格和表现手法如何变化，都要以结构准确、比例协调的人体为基础。尽管在某些时装插画中有时人体仅以局部的形式存在。但在绝大部分时装插画中，人是画面的重要组成部分，用于更完美地展现时装魅力。以人体为基础的服装效果图能更生动地表现服装的造型、结构、面料、色彩、流行和风格，同时展现出由人体、服装款式、结构、材质等综合产生的美感，从而准确地传达设计师的设计意图。服装设计草图中，在表达服装基本款式时依然是以人体为依托，只是为了快速记录或展现设计意图不会花太多笔墨在人体表现上罢了。因此，对于服装设计初学者而言，准确地表现人体是学习服装与服饰设计的基本功，人体及着装表现是学习服装服饰设计的基础。

本节课后实践内容：

1. 尝试了解服装设计公司对设计师的基本要求。
2. 从收集的时装画中具体阐述人体在时装画中的作用。

本节思考题：

1. 一名出色的服装设计师需要具备哪些基本素质？
2. 试论述时装画的审美特征。

第五节　本门课程的学习要点

对于设计师来说，通过或优美或端庄或潇洒的人体动态来烘托自己的设计作品，能取得事半功倍的效果；对于时尚插画师来说，自由、充满动感的人体能更好地突出画面的艺术性。无论如何，不准确的人体会影响画面的品质，影响作者创作意图的传达。

在时装画表现中，人体是基础，是表现服饰的载体；服饰是时装画艺术的主体。人体动态造型与服装款式表现是构成时装画必不可少的两个因素。换句话说，学习时装画的关键就是处理人体与服装之间的关系，这也正是学习时装画的难点，是初学者在学习过程中遇到的最大障碍之一。时装画的学习从人体入手，主要分为两个阶段：第一阶段为人体表现，第二阶段为着装表现。在人体表现中，主要学习不同角度的头部表现、人体基本比例、不同动态的人体表现、不同性别与不同年龄阶段的人体表现。在着装表现中，主要学习人体与着装、整体着装与表现、服装服饰材质表现。时装画人体及着装表现这门课程在学习过程中需要注意一定的方法，掌握一些学习要点，如此方能事半功倍。

一、识记基本比例

在人体表现阶段我们需要识记基本比例，比如头身比例、三庭五眼的头部比例、上臂和下臂的比例。如果基本比例记不住，那么人体表现就很容易出现比例错乱的现象。准确表现人体是服装设计师、时装插画师的基本素养之一。识记基本比例可以帮助初学者缩短时装画人体表现的学习时间，快速进入时装画着装表现阶段。

二、勤动手

“时装画人体与着装表现”这门课程是一门实践性极强的课程，不仅要求学习者识记基本比例，还要求学习者识记人体表现及着装表现中的一些具体步骤和要点，运用这些步骤和要点进行实践，切实掌握人体表现及着装表现的步骤和方法。这就要求学习者在掌握人体表现步骤及人体着装表现方法的过程中进行大量的实践练习。勤动手的人往往不会太差，“三天不画就手生”，在学习手绘类的课程中，很多人都有这样的体会。尤其在时装画中，人体比例关系与以往学过的速写完全不同，画面的要求及表现的侧重点也和普通速写有着较大的差异，勤动手就更加重要了。倘若能每天都画几幅，这对于描绘人体、掌握人体与着装关系、表现服装质感等都十分有利。

三、反复实践

反复实践和勤动手不同。勤动手强调勤，要求经常画，而画的内容可以每次都不一样。反复实践则要求对同一个内容反复进行练习，直至达到一定水准为止。反复实践的学习方法主要是用在人体着装表现阶段。因为在此阶段的学习和人体表现阶段会有一些差别。人体着装表现阶段中，尤其是在不同线质表现、人体着装黑白灰表现中，要求用不同的笔进行着装表现。此时，每一种笔的特点不一样，就需要学习者反复实践，直到完全掌握该种笔的特性并完成独具魅力的着装表现效果。

四、自主学习

在不同的学习阶段需要用不同的学习方法，时装画人体表现只是时装画学习过程的一个开始。如果说学习时装画人体表现需依靠有效的教学、学习方法及大量的练习，那么时装画着装表现则需要通过自主学习和反复实践来提升学习效果。俗话说，“师父领进门，修行靠个人”。在时装画着装表现中，同一种服装材质可以用不同的工具来表现，同一种工具也有不同的表现技巧。本科教学中课程的课时量有限，教师在课堂中演示的时间在一定程度上受课时量的限制。另外，服装的面料种类繁多，还有一些面料的表现是本书没有囊括的，因此，自主学习就显得格外重要。

除课堂知识外，时装画的学习还需要积极关注流行信息、了解时尚前沿、关注服饰行业动态。此外，时装插画师的作品也是值得好好鉴赏与学习，甚至可以临摹的。这些都有赖于课后的自主学习。

本节课后实践内容：

1. 识记本门课程的学习要点。
2. 学习时装画人体及着装表现需要怎样的心理准备？

本节思考题：

1. 你对时装画人体及着装表现学习的预期目的是什么？
2. 你打算如何来学习本门课程？

第六节　学习本门课程的常见问题

一、初学者的练习重点

单纯的人体骨骼表现不是本课程的重点。学习时装画人体是为了更好地表现服装，而非人体本身，切勿本末倒置。服装服饰设计专业需要了解人体，更需要了解人体运动对服装的要求，但那也不是本门课程的重点。另外，那些华而不实的笔触、故弄玄虚的表现只会产生喧宾夺主的不利影响。对于初学者而言，学习的重点一方面是准确把握人体比例与动态；另一方面则是在人体的基础上准确表达服装的着装状态，使观者对款式的特点及细节清楚明了。在以上两方面都能熟练而准确地把握之后再着手面料材质表现，最后再研究不同工具对服装质地及风格的影响。如此才能为服装服饰设计的专业学习打下扎实的基础。

二、如何通过学习把握人体与着装表现的关系

在时装画的表现中，人体是基础。在时装插画中，人体是画面中不可或缺的部分。

在服装设计效果图中，设计师需要将抽象的设计思维用具象的形式来表现。当服装依附于人体时，设计意图方能更加准确地传达。因此，在时装画的学习中，我们首先是学习人体表现，而后才进行着装表现。因为人体比例的准确是准确传达设计意图的基础。另外，在往后的插画、设计等方面构思和表现时，同样是先准确画出人体，然后再表现着装。这个方法看上去麻烦，但能确保人体比例准确、设计意图清楚。

三、学习过程中的常见问题解答

（1）**问**：我速写基础非常差，这对时装画人体及着装表现的是不是学习非常不利？

答：高考时的速写功底与时装画人体及着装表现的学习有一些联系，但时装画人体及着装表现与高考速写有着较大的不同。首先，时装画的人体是 9 头身以上的比例，这和高考时的 7 头身比例完全不同。这种新的比例关系对于刚开始接触这门课程的同学来说都是全新的。因此，从比例这方面来说，速写基础对时装画人体的学习没有太大的影响。而在笔触、褶皱等方面的表现中，时装画着装表现所注重的是准确、概括。那些华而不实的笔触、无中生有的线条在时装画的表现中是完全没有必要的。相反，高考速写中大多不太被重视的服装细节、面料质感、装饰图案等，在人体着装的表现中都需要准确表现。在本门课程中，我们学习人体是为了表现服装服饰，服装服饰才是时装画的主体。我们所关注和强调的和高考速写截然不同。因此，高考速写功底的好坏不能完全决定一个人在时装画人体及着装表现学习的效果。如果你的速写功底好，那请你在本门课程的学习中保持你积极的心态。如果你的速写功底非常糟糕，那也无需气馁，只要能改正不良的学习习惯，勤奋练习，加上老师的指导，相信你能在这门课程的学习过程中找到一些方法，开启服装服饰设计专业学习的新篇章。

（2）**问**：为什么我在画时装画人体时比例总是出问题，要么肩宽了，要么手长了？

答：比例出问题主要原因来自两个方面：一方面是比例没记住或是记错了，比如第三个头长的位置是在哪里？女性肩宽是几个头长？另一方面则是一些不好的作画习惯引起的。比如，初学者不定天头地脚直接从局部开始画；或者画的时候不按原本定好的宽度来画；还有就是明明发现了自己的某个部分比例不对，却舍不得擦掉重新画。想要避免在时装画人体比例出问题，要做到以下几点：首先，时装画人体比例是需要识记的。其次，初学时必要的辅助线不能省略。再次，要严格按照步骤作画，定好的长度、宽度切不可更改。最后，一旦发现问题，马上纠正。

（3）**问**：为什么我画出来的时装画人体最后都变成了“大头宝宝”？

答：“大头宝宝”是初学者在时装画人体学习过程中，因把头画大了最后整体比例出问题的现象，这也是初学者在学习过程中的常见现象。其中一种情况是对头部长度和宽度比例把握不准确，把头画得过宽，最后整个头部过圆而变成“大头宝宝”。第二种情况则是在不小心把头画宽后没有选择擦掉重新画，而是将头长加长，于是出现身体比例与头长不协调的“大头宝宝”。还有一种情况则是原本定好的头部长、宽在画的时候画出格了，尤其在画头发的时候。为避免“大头宝宝”现象，一是要记住头长和头宽的比例；二是初学者要养成良好的作画习惯，定好的长度和宽度坚决不能画出格，发现错误立即修改。

（4）**问**：服装上的褶皱是不是每一条都要画出来？

答：服装上由于人的运动而出现的褶皱，我们用概括的手法来表现，比如手肘弯曲时挤压产生的褶。服装上用于达到造型目的的褶皱，比如百褶、抽褶，我们需要理解其产生的原理，在此基础上准确表现褶皱的形态。对于一些服装上用于造型而且非常细小的褶皱，能准确把握大型即可。像塔裙这样的款式，裙子上的褶皱又多又长，可以选择一些主要的褶皱来表现。对于那些服装中数量少、体和量都非常大的褶皱，则需要每一个都准确表现。

（5）**问**：为什么要用不同的笔来表现人体着装？

答：每一种笔的笔触都有自身的特点，每一种笔都能形成一种绘画风格。有些笔能结合起来使用，而有些笔则不能。不同的笔适合表现怎样的风格，不同的材质又适合选择什么笔来表现，这些是需要通过自身实践才能掌握的。在自身对不同笔的性能方法了解还不全面的时候，我们需要通过不同的笔来表现人体着装，以实践的方式一边尝试使用和驾驭不同的笔，一边感受不同的笔触对绘画风格和服装材质表现的影响。以上的基础和实践经验，无论对于时装插画的学习还是对于服装设计效果图的表现都是十分有利的。

（6）**问**：服装上的图案该如何表现？

答：服装上图案的表现由时装画的类型和风格而进行选择。如果是写实风格的服装效果图及时装插画，不管是图案的造型还是色彩（素描表现时色彩的差异表现为不同明度）都需要准确，同时需要表现出图案随人体动作、面料起伏所产生的变化。如果是写意风格的艺术欣赏时装画，服装上的图案需要根据画面的需要来进行取舍，可以是从虚到实的微妙变化，也可以是从无到有的大胆处理。但在平面款式图中，图案部分是设计师设计意图的表现，除了在图上清楚准确地表现外，如果面积太小不好处理可以以局部放大的形式在旁边进行标注，有时也用面料小样附在旁边加以说明。

本节课后实践内容：

1. 复习本章节内容。
2. 针对自身的绘画基础制订本课程的初步学习计划。

本节思考题：

1. 速写、素描基础对本门课程的学习是否会有一些帮助？
2. 本门课程的学习对你的职业生涯有何帮助？

第二章　女性头部表现

课题名称：女性头部表现

课题内容：女性正面五官的表现、女性 3/4 侧面五官表现、女性正侧面五官表现、女性不同角度头部表现

课题时间：理论 1 课时、课堂实践 1 课时、课外实践 4 课时

教学目的：识记女性正面、3/4 侧面、正侧面五官简画法的具体步骤、女性正面、3/4 侧面、正侧面五官精画法的具体步骤；理解女性正面、3/4 侧面、正侧面头部基本特点，掌握女性正面、3/4 侧面、正侧面头部整体表现的具体步骤及要点；了解不同角度的头部透视与表现

教学重点：女性正面五官的表现、女性 3/4 侧面五官表现、不同角度头部表现

教学难点：不同角度头部表现

教学方式：教师课堂讲授、演示，学生课堂、课后练习、教师指导、课堂测验等多种方式

必备工具：A4 纸、自动铅笔、橡皮、便携速写板、签字笔

第一节　女性正面五官的表现

一、女性正面五官简画法

简化法一般在服装设计效果图、时装插画人物全身造型中用得比较多。上述两类时装画中，一方面由于画面的重点是在服装服饰，因此头部五官运用简化的方式进行处理，以彰显服饰与造型的特点；另一方面，由于画面人物面部的面积极少，手绘时很难进行深入细致的刻画，因此用简化对面部五官进行处理。

（一）女性正面眉毛与眼睛的简画法

1. 女性正面眉毛与眼睛简画法的具体步骤（如图 2—1 所示）

（1）画出眼睛的轮廓；

（2）画出眼睛的基本形态；

（3）画出眉毛的形状，表现眼睛的结构，画出眼珠与瞳孔。

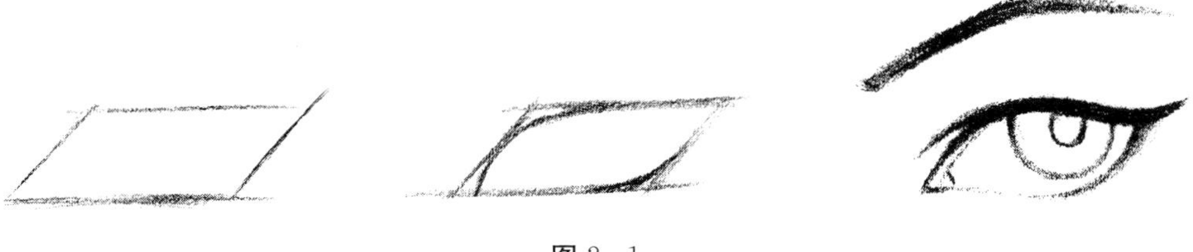

图 2—1

2. 女性正面眉毛与眼睛的简画法表现要点

（1）眉毛表现时，起笔表现眉头时轻，收笔表现眉尾时同样要轻；

（2）眉毛呈现眉头低眉尾高的特点，眉头到眉峰的长度是眉峰到眉尾的两倍；

（3）正面眼睛的基本轮廓近似于菱形，但要注意形状与位置，内眼角略低于外眼角，内眼角所呈现的钝角要比外眼角的角度更大。

（4）瞳孔上 1/3 被上眼皮遮住，底部轮廓线靠近下眼睑，但不与下眼睑重合。

（二）女性正面鼻子的简画法

1. 女性正面鼻子简画法的具体步骤（如图 2—2 所示）

（1）画出鼻孔形状；

（2）画出鼻翼轮廓；

（3）画出鼻骨。

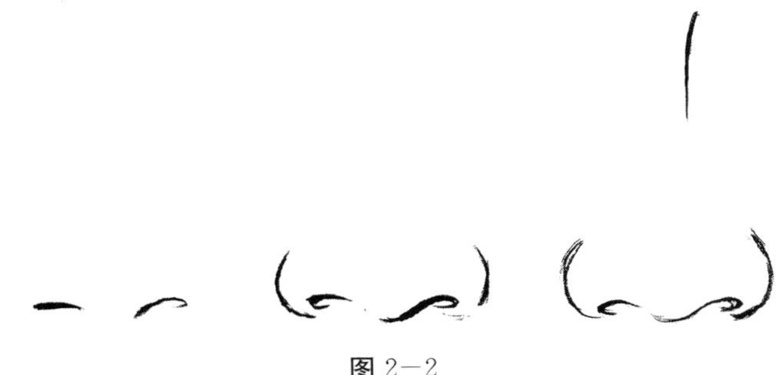

图 2—2

2. 正面鼻子的简画法表现要点

（1）切记不要将两个鼻孔画得一样，两个鼻孔应有虚实变化；

（2）表现鼻骨的线所在的位置不在鼻头的中线上，而应该偏左或偏右，此线为光线作用下鼻骨位置的明暗交界线，而非鼻骨。在具体的人物面部表现时，表现鼻骨的线所在的位置应根据整体面部受光情况进行具体调整。

（三）女性正面嘴巴的简画法

1. 女性正面嘴巴简画法的具体步骤（如图 2—3 所示）

（1）画出口缝线；

（2）画出嘴唇的轮廓；

（3）调整线条的虚实，表现出嘴巴的立体感。

图 2—3

2．女性正面嘴巴的简画法表现要点

（1）画口缝线时要注意表现人中的弧度及嘴角的特点；

（2）嘴唇的轮廓线不需要完全画出来，通过虚实变化处理的轮廓线更能体现嘴唇的立体感。

（四）女性正面耳朵的简化法

1．女性正面耳朵简画法的具体步骤（如图 2—4 所示）

（1）画出耳朵的基本形态；

（2）画出耳朵的基本廓形；

（3）适当刻画耳朵的内部结构。

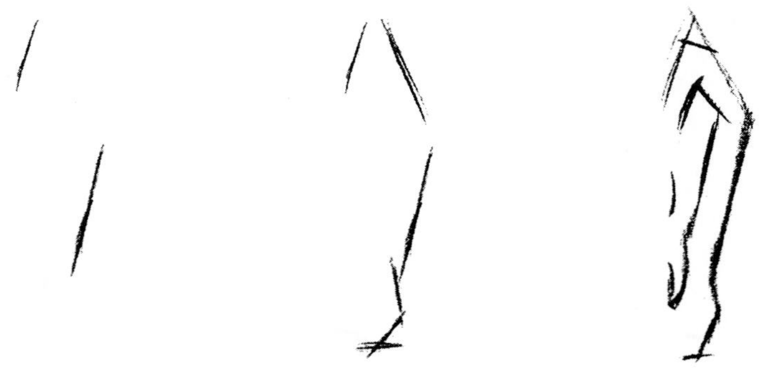

图 2—4

2．女性正面耳朵的简画法表现要点

（1）表现耳朵的外部轮廓时注意区分耳郭和耳垂；

（2）耳朵内部结构较为复杂，需要对其进行概括处理；

（3）耳朵在面部表现中属于非常次要的部分，常用角度的简画法掌握即可，故本书耳朵的详细表现较少。

二、女性正面五官精画法

精画法大多用于时装插画中，尤其在一些头部特写构图、人物上半身构图中，五官的刻画程度与作品的风格及艺术感染力有着很大关系，此时五官的表现就显得尤为重要。但值得注意的是，五官的精画法并不完全等于作品的风格化处理，精画法作为时装画的一种基础性画法，在多种技法的表现中都占有重要地位，尤其是彩铅、素描技法。关于时装插画风格的培养与建立将于本书第六章第五节中详细讲述。

（一）女性正面眉毛与眼睛的精画法

1. 女性正面眉毛与眼睛精画法的具体步骤（如图 2—5 至图 2—8 所示）

（1）用直线将眉毛与眼睛的位置定好；

（2）打轮廓，画出眉毛的形状与眼睛的结构，明确光源方向；

（3）根据光源方向加重眼线与瞳孔；

（4）加重眉骨位置眉毛的颜色，表现出眉毛的立体感，并根据眉毛的生长方向细致刻画眉毛；细致刻画瞳孔，并表现出瞳孔的质感；加重睫毛，并表现出睫毛的立体形态。

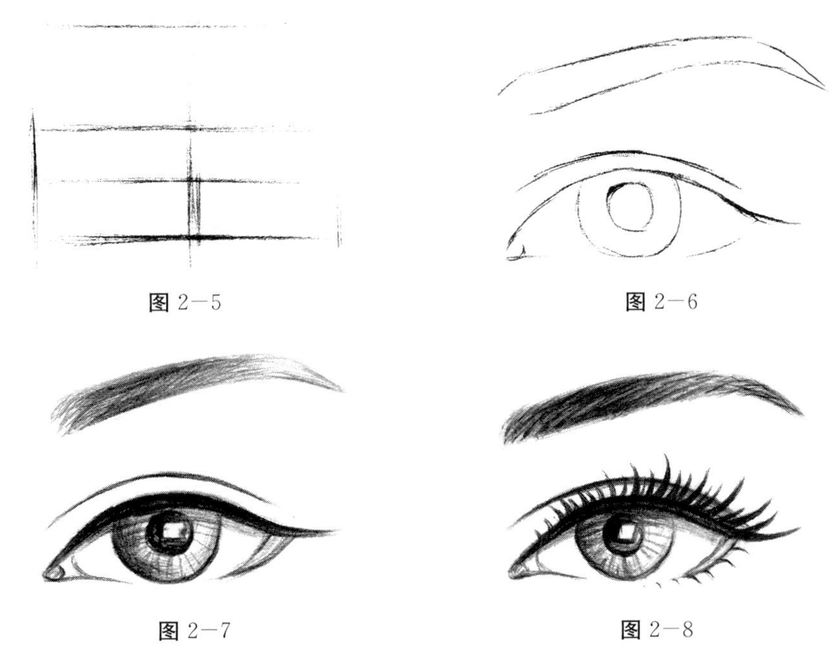

图 2—5　图 2—6

图 2—7　图 2—8

2. 女性正面眉毛与眼睛精画法表现要点

（1）眉毛表现时需要先绘制出眉毛的底色，再根据眉毛的生长方向来细致刻画眉毛。

（2）下眼睑不需要完全画出来，通过加重内下眼睑内外眼角两端及虚实的变化，更有利于眼睛整体的表现。

（3）睫毛表现时重点强调上眼睑的部分，并且着重刻画上眼睑外眼角部分的睫毛，并将下眼睑睫毛作弱化处理。

（4）瞳孔上 1/3 被上眼皮遮住，底部轮廓线靠近下眼睑，但不与下眼睑重合。

（5）将女性正面眉毛与眼睛的简画法上色处理是精画的另一种方法，如图 2—9

所示。

图 2—9

（6）黄色人种女性与白色人种女性在眼睛的细节上有诸多不同，比如内眼角的形状、上下眼皮的弧度、瞳孔的色彩、眉眼之间的距离等。此外，正面眼睛除睁开之外还有不同形态，如闭上、微闭、半睁（图 2—10）等。图 2—11 至图 2—13 为白色人种女性眼睛的精画法。

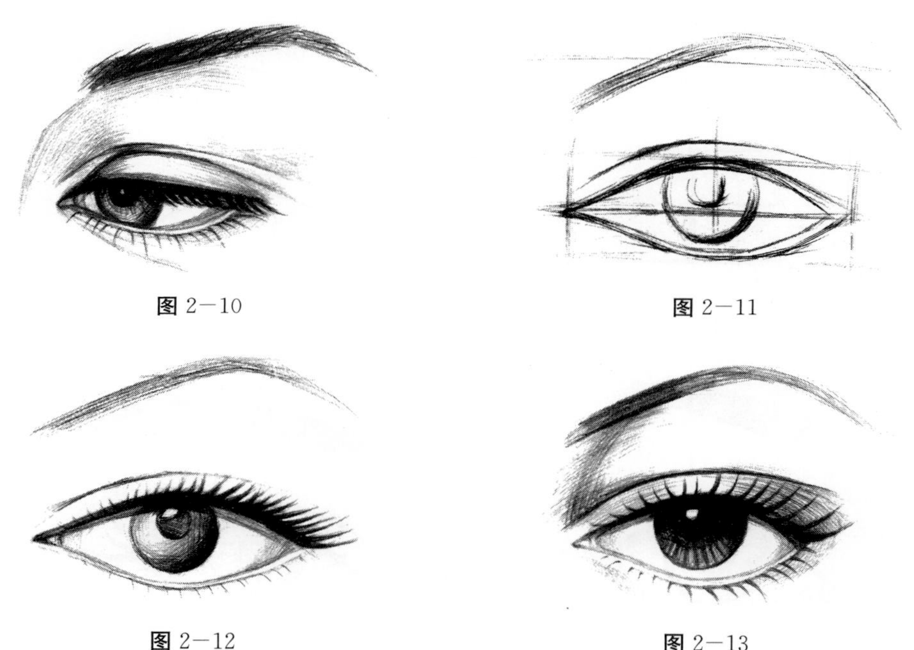

图 2—10

图 2—11

图 2—12

图 2—13

（二）女性正面鼻子的精画法

1. 女性正面鼻子精画法的具体步骤（如图 2—14 至图 2—16 所示）

（1）用直线将鼻子的形状和位置定好，并确定鼻头的位置；

（2）画出鼻子的轮廓，明确光源方向；

（3）根据光源方向细致刻画鼻子。

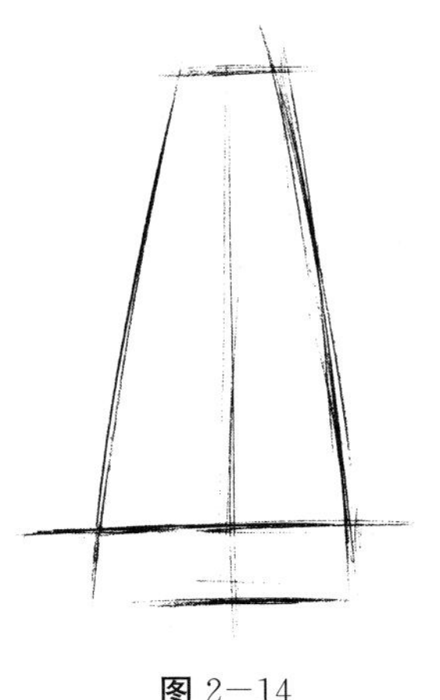

图 2—14

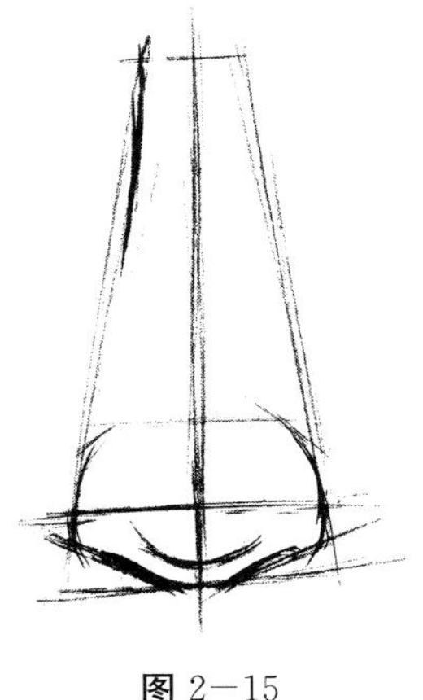

图 2—15

图 2—16

2. 女性正面鼻子精画法表现要点

（1）鼻头的位置；

（2）鼻头不要画得太黑，否则会让人觉得鼻头很脏；

（3）注意鼻孔的虚实变化，切记不要将两个鼻孔画得一模一样；

（4）鼻骨位置明暗交界线处可以适当加重。

（三）女性正面嘴巴的精画法

1. 女性正面嘴巴精画法的具体步骤（如图 2—17 至图 2—19 所示）

（1）用直线将嘴巴的形状和位置定好，并确定人中的位置；

（2）画出嘴巴的轮廓线，并明确光源方向；

（3）根据光源方向表现嘴巴的立体感，并刻画出嘴唇的质感。

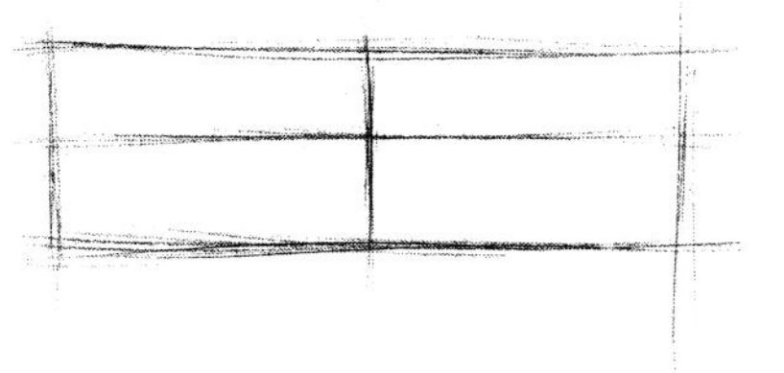

图 2—17

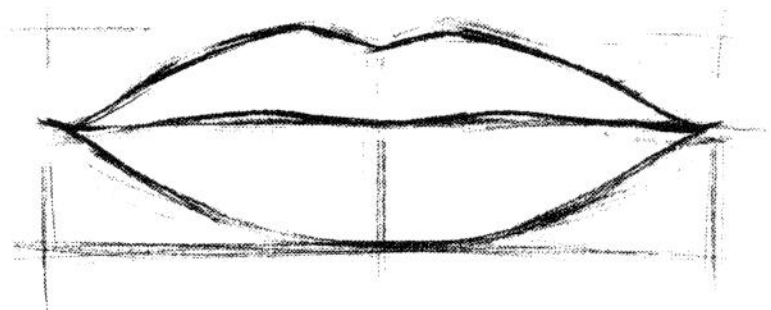

图 2—18

图 2—19

2. 女性正面嘴巴精画法表现要点

(1) 画口缝线时要注意表现出嘴角的特点;

(2) 深入刻画时要注意唇线的虚实变化;

(3) 上过口红或唇蜜的嘴巴在质感表现时，其色彩及高光形状有较大的变化，表现时需要特别注意。

本节课后实践内容:

1. 结合本节知识，认真观察正面女性五官。
2. 女性正面五官简画法、女性正面五官精画法临摹。
3. 女性正面五官简画法、女性正面五官精画法默写。

本节思考题:

1. 时装画女性五官表现与素描女性五官表现有何异同?
2. 时装画女性五官简画法与精画法有何异同?

第二节　女性3/4侧面五官表现

一、女性3/4侧面五官基本特点

因角度的变化，女性3/4侧面五官呈现出透视变化，我们一般用一点透视的原理进行处理。根据视觉特点与透视原理，女性3/4侧面五官呈现出近大远小、近实远虚的特点。比如两只眼睛，距离观察者近的眼睛比远离观察者远的眼睛要更大，鼻孔、嘴巴亦是如此。表现时需要特别注意因角度与空间的变化所带来的透视变化，3/4侧面表现时，需要将透视效果画得比实际观察时更加鲜明。

女性3/4侧面是较难表现的角度，3/4侧面因观察的角度不同，面部比例会有较大的变化，初学者可从临摹入手，识记基本步骤与要点后，再进行写生练习。

二、女性3/4侧面五官的表现

(一) 女性3/4侧面五官简画法

1. 女性3/4侧面眉毛与眼睛的简画法

(1) 女性3/4侧面眉毛与眼睛简画法的具体步骤(如图2-20所示):

①用直线画出眼睛的轮廓;

②画出眼睛形状与结构;

③画出眉毛的形状，确定眉毛的位置，近处眼睛要比远处眼睛大，近处眉毛要比远处眉毛更长，画出瞳孔与睫毛。

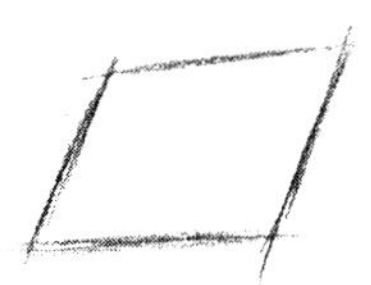

图 2－20

（2）女性 3/4 侧面眉毛与眼睛简画法表现要点：

①3/4 侧面眼睛表现时，需要将透视效果画得比实际观察时更加鲜明；

②近处的眼睛与眉毛需要表现得更实，远处的应做虚化处理；

③瞳孔的位置可以根据需要灵活处理，但要注意眼球的透视变化，瞳孔近处的半圆弧度更大，瞳孔远处的半圆弧度更小。

2. 女性 3/4 侧面鼻子的简画法

（1）女性 3/4 侧面鼻子简画法的具体步骤（如图 2－21 所示）：

①画出 3/4 侧面鼻子的基本轮廓；

②明确 3/4 侧面鼻子的结构；

③适当表现鼻孔的虚实。

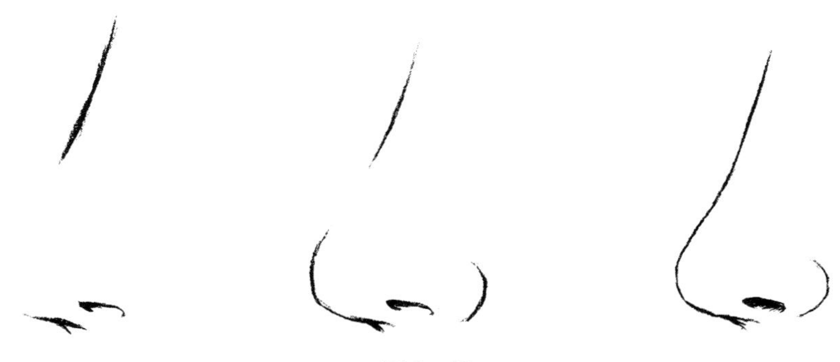

图 2－21

（2）女性 3/4 侧面鼻子简画法表现要点：

①近处的鼻孔比远处的大；

②鼻孔有虚实变化；

③适当表现鼻孔的虚实。

3. 女性 3/4 侧面嘴巴的简画法

（1）女性 3/4 侧面嘴巴简画法的具体步骤（如图 2－22 所示）：

①画出口缝线；

②画出唇线；

③加重嘴角，通过线条的虚实变化表现嘴巴的空间感与立体感。

图 2—22

（2）女性 3/4 侧面嘴巴简画法表现要点：

①将远处的半边嘴巴处理得比实际观察时更加鲜明，以此加强空间感；

②口缝线有起伏变化，尤其注意表现近处嘴角的特征；

③一般情况，唇线不需要完全画出来。

（二）女性 3/4 侧面五官精画法

1. 女性 3/4 侧面眉毛与眼睛的精画法

（1）女性 3/4 侧面眉毛与眼睛精画法的具体步骤（如图 2—23 至图 2—25 所示）：

①用直线画出眼睛的轮廓，确定眉毛的位置，近处眼睛要比远处眼睛大，近处眉毛要比远处眉毛更长；

②画出眼睛形状与结构，确定瞳孔的位置，画出眉毛的形状，明确光源方向；

③根据光源方向加重眉毛、眼线、瞳孔，表现瞳孔的质感。

图 2—23

图 2—24

图 2—25

（2）女性 3/4 侧面眉毛与眼睛精画法表现要点：

①3/4 侧面眼睛表现时，需要将透视效果画得比实际观察时更加鲜明；

②近处的眼睛与眉毛需要表现得更实，远处的应做虚化处理；

③眉毛的色彩要有层次变化，近处眉毛眉峰的位置是表现眉毛立体感与空间感的重

要位置，注意用笔，同时色彩需要处理得更淡一些；

④瞳孔的位置可以根据需要灵活处理，但要注意眼球的透视变化，瞳孔近处的半圆弧度更大，瞳孔远处的半圆弧度更小。

⑤也可在简化法基础上对眉毛与眼睛进行处理，如图 2—26 所示。

图 2—26

⑥女性 3/4 侧面眼睛还有一些不同的角度，如图 2—27 至图 2—29 所示。

图 2—27

图 2—28

图 2—29

2. 女性 3/4 侧面鼻子的精画法

（1）女性 3/4 侧面鼻子精画法的具体步骤（如图 2—30 至图 2—33 所示）：

①画出 3/4 侧面鼻子的基本轮廓；

②明确 3/4 侧面鼻子的结构；

③加重鼻骨与近处鼻孔；

④适当表现光影特征。

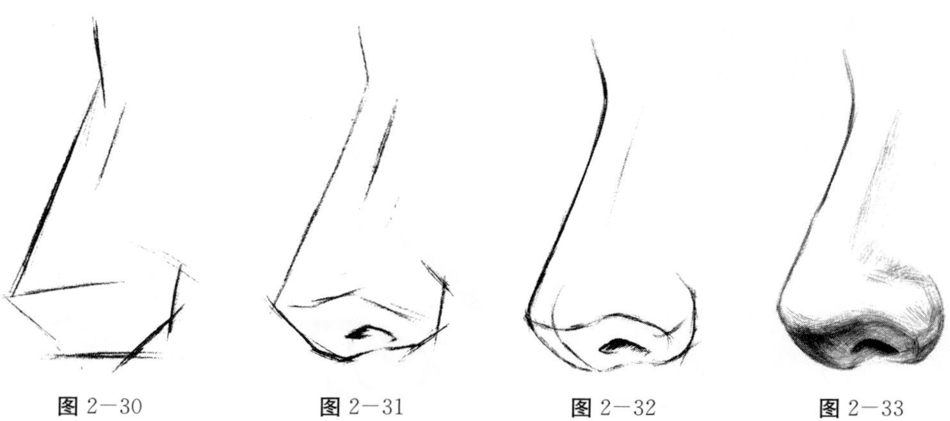
图 2—30　图 2—31　图 2—32　图 2—33

（2）女性 3/4 侧面鼻子精画法表现要点：

①近处的鼻孔比远处的大；

②鼻孔有虚实变化。

3. 女性 3/4 侧面嘴巴的精画法

（1）女性 3/4 侧面嘴巴精画法的具体步骤（如图 2—34 至图 2—36 所示）：

①画出口缝线；

②画出唇线；

③通过光影表现嘴巴的空间感与立体感，口缝线要有虚实变化，表现嘴唇的质感，适当表现唇纹。

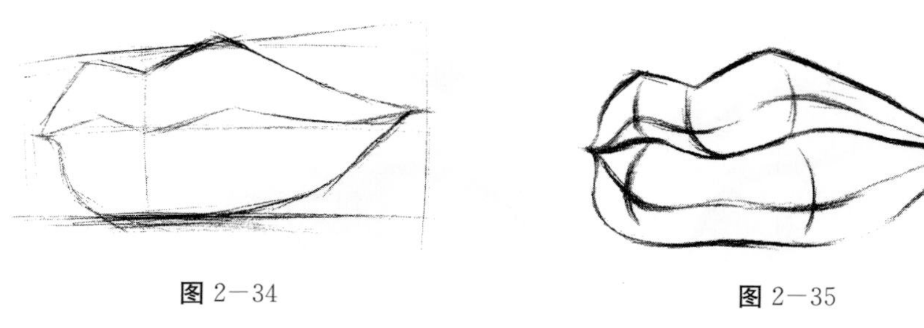
图 2—34　图 2—35

图 2—36

（2）女性 3/4 侧面嘴巴精画法表现要点：

①将远处的半边嘴巴处理得比实际观察时更加鲜明，以此加强空间感；

②口缝线有起伏变化，尤其注意表现近处嘴角的特征；

③ 嘴唇为红色，故唇部的整体颜色需要画得比较深，以表现出嘴唇的颜色；
④上过口红或唇蜜的嘴巴在颜色和质感方面与未上过的有着较大的差别。

本节课后实践内容：

1. 结合本节知识，认真观察3/4侧面女性五官。
2. 女性3/4侧面五官简画法、女性3/4侧面五官精画法临摹。
3. 女性3/4侧面五官简画法、女性3/4侧面五官精画法默写。

本节思考题：

1. 女性3/4侧面五官表现的难点在哪?
2. 女性3/4侧面五官的透视变化是否有一定的规律?

第三节　女性正侧面五官表现

一、女性正侧面头部基本特点

从正侧面看，头部由面部和后脑两大部分组成，五官分布在面部，后脑底部向下延伸和脊柱相连。在时装画表现中，正侧面头部用得相对比较少。正侧面头部线条的变化比较微妙，绘制难度也相对较大，这也是体现时装画作者绘画功底的角度。

正侧面头部比例中，眼睛的位置在头长的二分之一处，耳朵上部边缘线与眼角的位置在同一条水平线上。正侧面角度基本都只能看到半边脸的五官，因此，从透视的角度来说，正侧面的角度比3/4侧面更加简单。而难点在于对整个头部轮廓准确度的把握，这需要通过敏锐的观察以及长期实践积累来提高。

二、女性正侧五官的表现

（一）女性正侧五官简画法

1. 女性正侧面眼睛的简画法

（1）女性正侧面眼睛简画法的具体步骤（如图2—37所示）：
①用直线确定眉毛和眼睛的基本比例；
②画出眉毛和眼睛的轮廓与结构；
③画出眼线、瞳孔与睫毛。

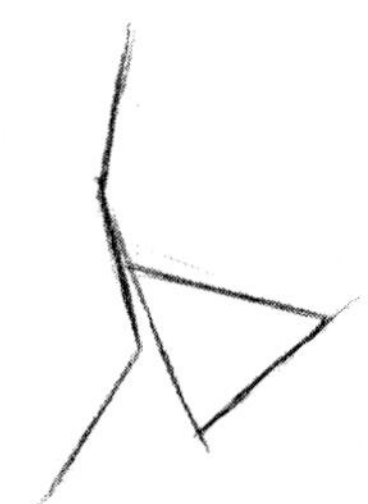

图 2—37

(2) 女性正侧面眼睛简画法表现要点：

①表现眉毛时需要注意眉毛的起伏变化，正侧面的眉毛眉头部分较短，眉尾部分更长，眉头到眉峰的距离等于眉峰到眉尾的二分之一。

②瞳孔的位置可以根据需要灵活处理，当眼睛没有注视正前方时要特别注意眼球的透视变化，瞳孔近处的半圆弧度更大，瞳孔远处的半圆弧度更小。

③正侧面睫毛表现时远处睫毛会更纤长，这点与其他角度相反，但虚实关系依然是近实远虚，这是因为近处睫毛与视线睫毛生长方向一致，而远处睫毛生长方向与视线相反，故正侧面睫毛表现时最终的效果是远处的纤长但虚，近处的短但实。

2. 女性正侧面鼻子的简画法

(1) 女性正侧面鼻子简画法的具体步骤（如图 2—38 所示）：

①画出鼻梁与鼻底的轮廓线；

②画出鼻孔与鼻翼的轮廓；

③通过线条的虚实变化表现鼻子的立体感。

图 2—38

(2) 女性正侧面鼻子简画法表现要点：

①黄色人种和白色人种在鼻梁的倾斜角度及形态上有着较大的差别；

②与其他角度相比正侧面鼻子鼻孔的形状扁而长。

3. 女性正侧面嘴巴的简画法

(1) 女性正侧面嘴巴简画法的具体步骤（如图 2—39 所示）：

①画出口缝线；

②画出嘴唇轮廓线；

③通过线条的虚实表现嘴巴的立体层次。

图 2－39

（2）女性正侧面嘴巴简画法表现要点：

①口缝线表现时要注意人中与口角的细微变化；

②正侧面上嘴唇比下嘴唇突出，因此上嘴唇与下嘴唇外部边缘的连线呈斜线。

4. 女性 3/4 侧面耳朵简画法

（1）女性正侧面耳朵简画法的具体步骤（如图 2－40 所示）：

①画出耳朵的外部基本轮廓；

②适当表现耳垂形态；

③适当表现出耳朵内部结构。

图 2－40

（2）女性正侧面嘴巴简画法表现要点：

①耳朵正侧面是较常见的角度，但耳朵在五官中是处于相对次要地位的，因此只要画出大体形状即可；

②女性耳朵用笔相对柔和。

（二）女性正侧五官精画法

1. 女性正侧面眼睛的精画法

（1）女性正侧面眼睛精画法的具体步骤（如图 2－41 至图 2－43 所示）：

①用直线确定眉毛眼睛基本比例；

②画出眉毛和眼睛的轮廓与结构；

③根据光源方向加重眉骨、眼线及瞳孔，画出睫毛。

图 2－41

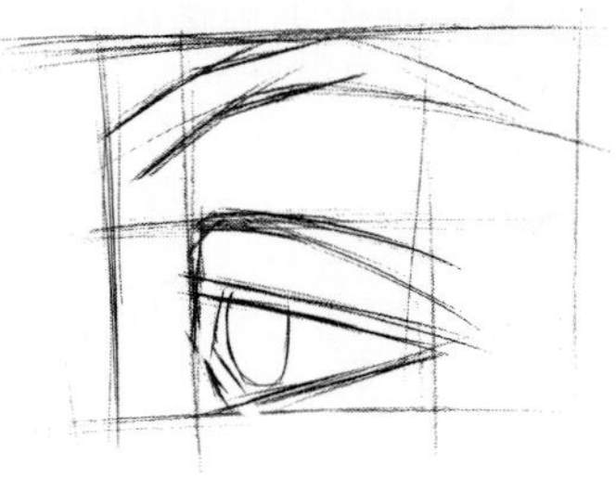

图 2－42

图 2－43

（2）女性正侧面眼睛精画法表现要点：

①眉毛表现时需要通过用笔的虚实表现空间层次，眉头位置较远可以处理得较虚，眉尾需要处理得更实；

②眉骨处需要处理的颜色较重但比较虚，眉峰用笔实，但色彩淡；

③瞳孔在表现时要注意高光的形状，瞳孔的色彩不仅与人种有较大的关系，更与光源的角度有关，瞳孔的质地表现与虚实变化也有着莫大的关系；

④戴上假睫毛后的睫毛的弧度及长度与自然生长的睫毛有较大差别；

⑤在化过妆的情况下，眼影与眼线极为重要，正侧面是表现眼角周围彩妆的极佳角度；

⑥将女性正侧面眼睛的简画法深入处理是精画法的另一种方法，如图 2－44 所示。

图 2－44

2. 女性正侧面鼻子的精画法

（1）女性正侧面鼻子精画法的具体步骤（如图 2—45 至图 2—47 所示）：

①打轮廓，正侧面的鼻子轮廓线接近于一个三角形；

②画出鼻梁、鼻孔与鼻翼的轮廓，明确光源方向；

③加重鼻骨与鼻孔阴影，表现鼻子的立体感。

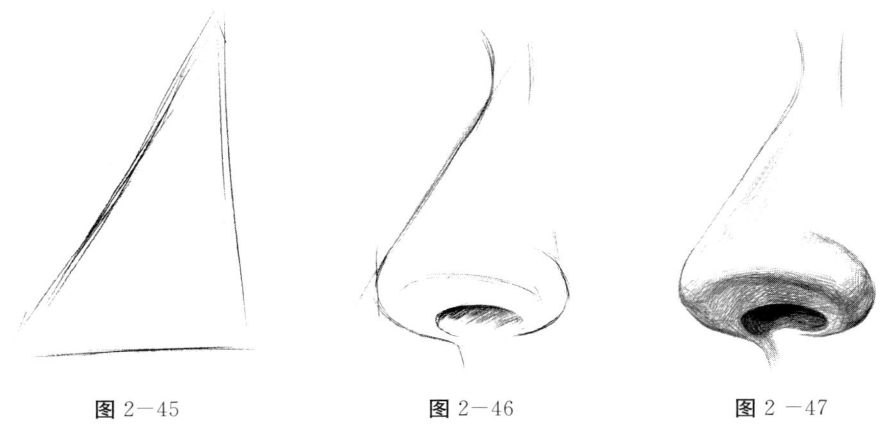

图 2—45　　图 2—46　　图 2—47

（2）女性正侧面鼻子精画法表现要点：

①鼻子在时装画面部表现中属于比较次要的部分，在光影表现时不要太强烈。

②不同人种在鼻梁高度、鼻骨形状、鼻头形状、鼻翼形状、鼻孔形状上都有着较大的差别，正侧面角度尤为鲜明。

④黄色人种尤其女性普遍鼻梁不高，鼻头不太挺，鼻子轮廓感不太鲜明；白色人种鼻梁高而挺，鼻头或勾或尖，鼻翼到鼻底的斜度更大，鼻孔内敛而不外张；黑色人种在鼻梁鼻头等处都与白色人种较为接近，但鼻翼形态比白色人种更加鲜明，鼻孔更为粗大且外张。

3. 女性正侧面嘴巴的精画法

（1）女性正侧面嘴巴精画法的具体步骤（如图 2—48 至图 2—50 所示）：

①打轮廓；

②画出嘴唇轮廓线与结构线，明确光源方向；

③根据光源方向表现嘴巴的立体层次，表现出嘴巴的质感与嘴唇的颜色。

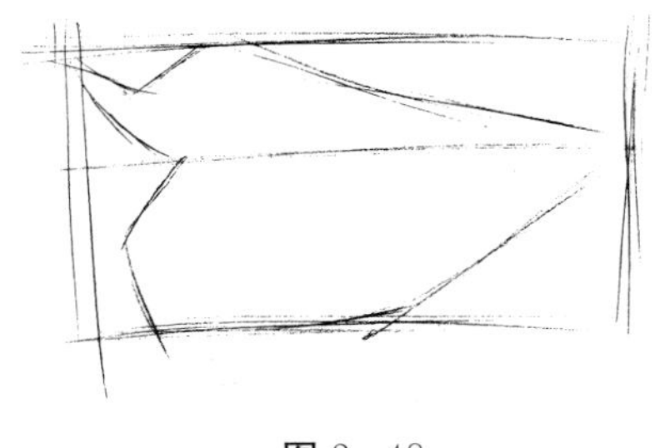

图 2—48

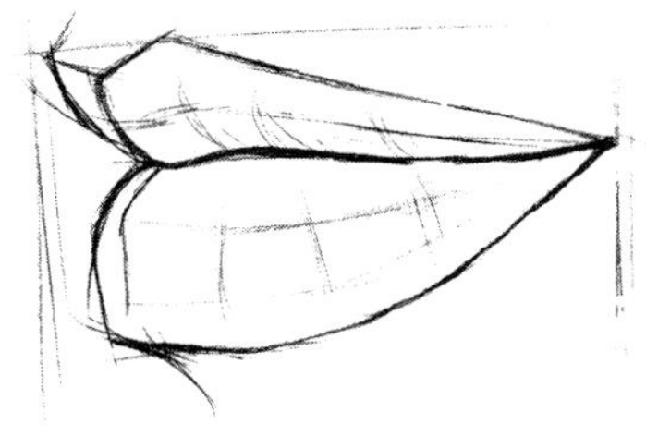

图 2—49

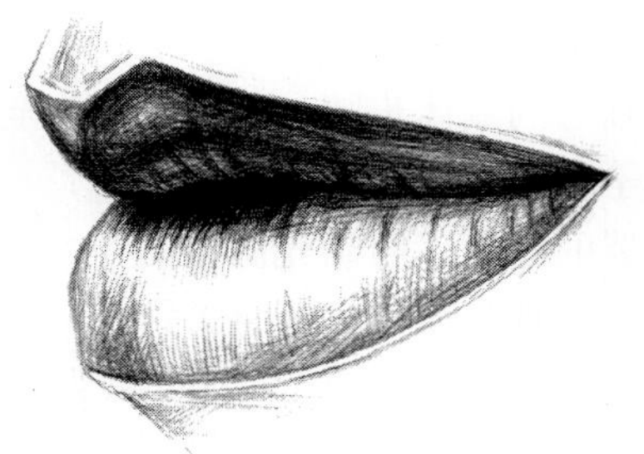

图 2—50

（2）女性正侧面嘴巴精画法表现要点：

①下嘴唇比上嘴唇饱满，因此打轮廓时要注意口缝线所在的位置；

②正侧面上嘴唇比下嘴唇突出，因此上嘴唇与下嘴唇外部边缘的连线呈斜线。

本节课后实践内容：

1. 结合本节知识，认真观察正侧面女性五官。
2. 女性正侧面五官简画法、女性正侧面五官精画法临摹。
3. 女性正侧面五官简画法、女性正侧面五官精画法默写。

本节思考题：

1. 女性 3/4 侧面五官表现的难点在哪？
2. 女性 3/4 侧面五官的透视变化是否有一定的规律？

第四节　女性不同角度头部整体表现

一、女性头部特点

（一）成年女性头部的骨骼特点

相对于成年男性而言成年女性头骨较小，头骨骨面较光滑，肌线、肌峪不明显。额头比男性更加饱满，从侧面看，额部线条呈弧线，且几乎没有突出的眉骨；颧骨比较圆，呈弧线，线条柔和，使脸看起来比较俏丽；下颌骨比男性瘦小，下巴通常比较尖，有一定弧线。

（二）成年女性面部及五官的特点

女性脸部肌肉组织不及男性发达，相对于男性而言，女性皮下脂肪较多，皮肤表面毛孔不明显，因此皮肤细腻而光滑。与男性相比，女性五官更为精致细腻。女性眉毛呈线形分布，浓淡有致；睫毛纤长浓密，眼睑处有“卧蚕”，眼角精致；鼻梁有漂亮的弧线，比较窄小；人中立体而鲜明；嘴唇比较丰满，上唇较高，嘴唇颜色比较鲜艳；女性耳朵普遍比男性更小。

二、女性正面头部表现

（一）女性正面头部基本比例

时装画中，人物面部正常比例可以概括为“三庭五眼”：正面平视时，眼睛位于整个头长的二分之处；眉毛到发际线为第一庭，眉毛到鼻底为第二庭，鼻底到下巴为第三庭，此三庭的长度相等；人头部宽度等于五只眼睛的宽度，两眼之间的距离等于一只眼睛的宽度，外眼角到耳朵边缘的延长线的距离等于一只眼睛的宽度；鼻子的宽度与眼睛的宽度相当。

时装画中，一般要求初学者按正常比例进行面部表现。当造型能力和人物比例基本掌握之后，可以运用夸张的手法，对五官进行美化处理。眼睛可以夸张，画得更大一些，鼻子和嘴巴可以适当处理得更小更立体一些，脸型也可以适当修饰。

（二）女性正面头部整体表现

1. 女性正面头部整体表现步骤（如图 2—51 至图 2—55 所示）

（1）画出头部的基本轮廓，头长与头宽的比例为 3∶2；
（2）根据“三庭五眼”的比例定出五官的位置；
（3）画出五官的基本形态；
（4）画出无五官的形状，调整脸部部轮廓；
（5）画出五官的细节，并擦除辅助线。

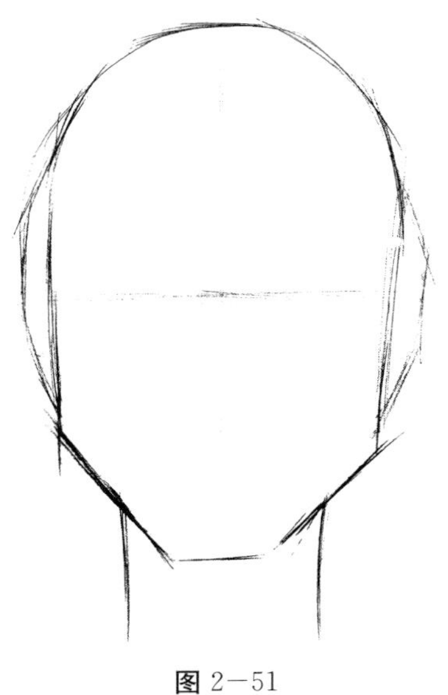

图 2—51

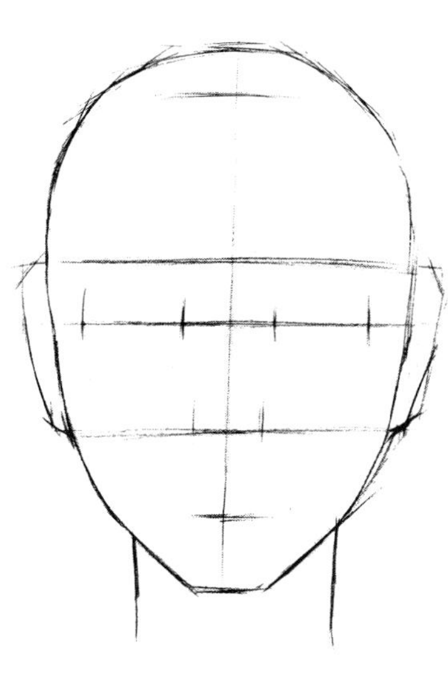

图 2—52

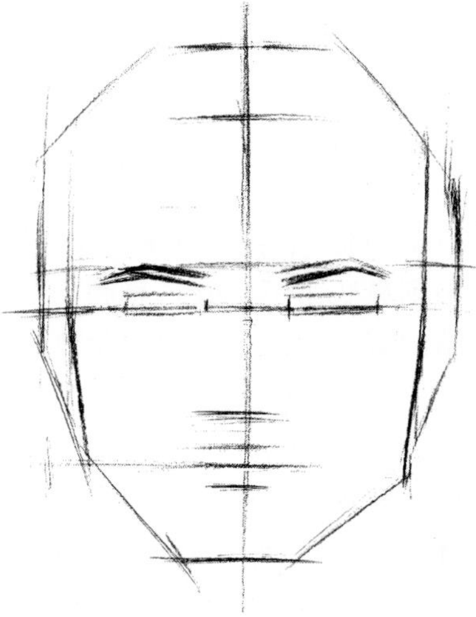

图 2－53

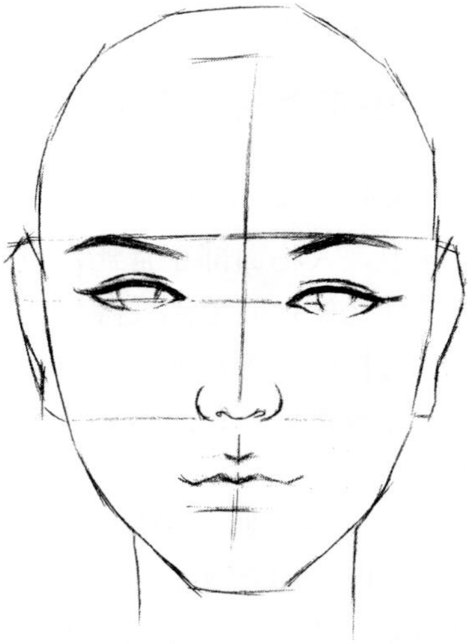

图 2－54

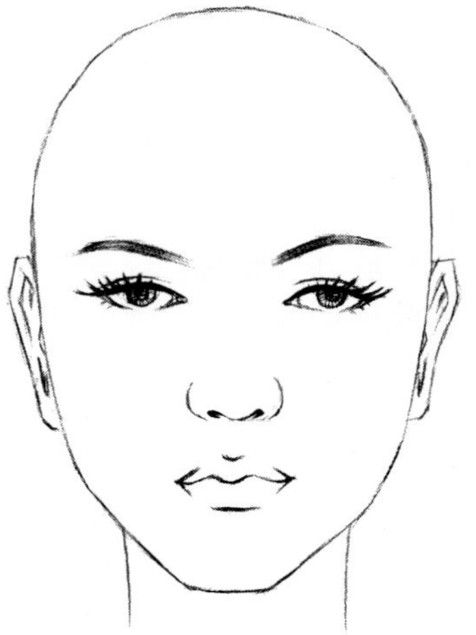

图 2－55

2. 女性正面头部整体表现的要点

（1）耳朵为五官中相当次要的部分，尤其正面时耳朵处于面部空间中靠后的位置，因此耳朵要处理得更虚一些；

（2）上眼睑靠外眼角处的睫毛可以处理得浓密纤长；

（3）女性头部正面整体表现时，表现鼻骨的线条可以根据需要取舍；

（4）一般情况，头部正面表现时会将眼睛处理成画面的视觉中心。

（三）发型的表现

发型对于塑造人的气质起着重要的作用，不同的发型能够创造出不同的形象，长发或短发，直发或卷发，束发或散发，这些细节的变化影响着人物的神态和气韵，有助于表现人的个性。在时装画中，尤其是时装插画中，头发往往是插画师们用于表现自我风格与特色的重要部分。一方面是由于不同款式的服装适合的发型不一样，而另一方面则是头发作为人身体的一部分可以通过插画师的想象来尽情展现作品的风格魅力。也正是如此，头发的画法不需要过分拘泥于形式，但要学会在不同类型的时装画中搭配恰当的表现方法，比如在服装设计效果图中要简练概括，在草图中甚至可以省略，然而在时装插画中则可以根据风格和画面的需要或夸张或虚化。

1. 头与头发的关系

头发是附着在头皮上的毛发，绘制头发的时候要以头部结构为基础，根据发型、头发的蓬松程度表现出头发的空间感。

绘制头发首先要把握发际线的位置，因为遗传的关系，发际线的形状会有所不同。在绘制头发时，要注意头发的层次与走向。我们可以将头发概括为不同的“束”，应处理好发束的疏密组织和穿插关系，同时通过线条表现出头发的特点。直发线条要自然流畅，卷发线条要弯曲而富有韵律，发卷的方向要跟随整体发型的走向。

2. 不同发型的表现

（1）正面马尾：束起来的头发紧紧包裹着头部，可根据球体的结构来绘制发束的走向。

（2）中分或偏分束发：头发中缝的位置偏向一侧，发束的位置也应该相应改变。

（3）披散直发：披散的头发由中缝顺势向下，自然地覆盖头部。

（4）披散卷发：头发中部开始卷的发型其根部由分界线自然地覆盖头部，中部至发尾呈束状蜷曲。

（四）女性正面头部表现实例

1. 简画法

女性正面头部表现简画法实例如图 2—56 至图 2—60 所示。

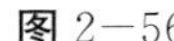

图 2—56

图 2—57

图 2—58

图 2—59

图 2—60

2. 精画法

女性正面头部表现精画法实例如图 2—61、图 2—62 所示。

图 2—61

图 2—62

三、女性侧面头部表现实例

（一）女性 3/4 侧面头部表现实例

女性 3/4 侧面头部表现实例如图 2—63 至图 2—68 所示。

图 2—63

图 2—64

图 2—65

图 2—66

图 2－67

图 2－68

（二）女性正侧面头部表现实例

女性正侧面头部表现实例如图 2－69 至图 2－72 所示。

图 2－69

图 2－70

图 2—71

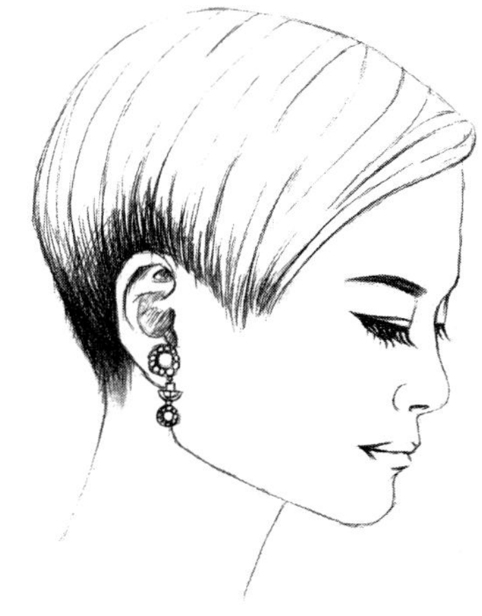

图 2—72

四、不同角度的头部透视

在时装画中，除了平视，头部的仰、俯、扭转等动态也会出现。头部的角度变换和透视是通过五官位置及面部结构的变化表现出来的，关键是要找准中心线和各条辅助线的位置及弧度。头部透视发生变化，中线和五官辅助线也会产生相应的变化。

本节课后实践内容：

1. 结合本节知识，认真观察不同角度女性头部。
2. 女性正面、3/4 侧面、正侧面头部表现临摹。
3. 女性正面、3/4 侧面、正侧面头部表现默写。

本节思考题：

1. 不同角度女性头部各有什么特点？
2. 时装画女性头部表现与速写、素描人物头部表现有何异同？
3. 以往的速写、素描工具是否适用于时装画女性头部表现？

第三章　女性人体表现

课题名称：女性人体表现

课题内容：手与手臂的表现、脚与腿的表现、9头身女性正面人体表现、9头身女性人体正面动态表现、9头身女性人体侧面表现、女性人体其他比例

课题时间：理论3课时，课堂实践3课时，课外实践6课时

教学目的：识记常用手部、足部造型的表现步骤，9头身女性人体比例，9头身女人性体正面、正面动态、3/4侧面动态、侧面的绘制步骤，理解手、手臂、脚、腿的结构，人体的运动规律，人体动态与重心变化，9头身女人性体正面、正面动态、3/4侧面动态、侧面的特点；掌握手、手臂、脚、腿的表现要点及步骤，9头身女人性体正面、正面动态、3/4侧面动态、侧面的表现要点及步骤，了解时装画中女性人体其它比例及变化规律

教学重点：9头身女性正面人体表现、9头身女人体正面动态表现、9头身女性人体侧面表现

教学难点：9头身女性人体侧面表现

教学方式：教师课堂讲授、演示，学生课堂、课后练习、教师指导、课堂测验等多种方式

必备工具：A4纸、自动铅笔、橡皮、便携速写板、签字笔

第一节　手与手臂的表现

一、手的结构分析

女性的尺骨头比较不明显，手腕部分较细，手掌窄长，指关节不明显，手指显得细长。手的长度是脸部长度的3/4，分为手掌和手指两大部分，这两部分的长度相等。每根手指（大拇指除外）由三个指节组成，由指关节连接，使手指可以自由地活动并摆出各种姿势。手掌可以看作是比较薄的长方体，手指可以看作是圆柱体，如图3－1所示。手部动作主要由腕关节、手指关节来支配。由于腕部是单一的关节，因此腕部动作变化较为简单。复杂的部分主要在指节，第一指节关节运动使手掌长方体和手指的柱体朝向不同方向，生活中这类动作非常少；第一指节和第二指节运动手指动作有一定张力，但略显得僵硬；手指三个指节同时都运动，手指动作变得生动自然。手部各指节运动与手部动态的关系见图3－2至图3－5。

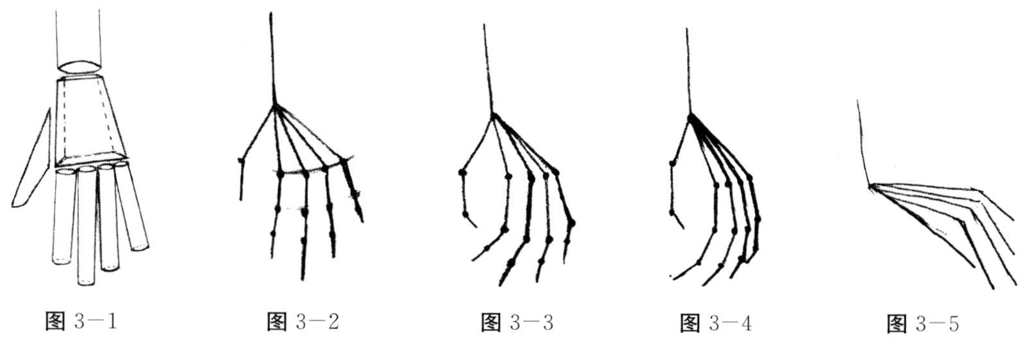

图 3－1　图 3－2　图 3－3　图 3－4　图 3－5

二、手的画法

手部放松时，除大拇指外的四根手指根据一定的顺序弯曲，或向一定的方向伸展；手部在用力的时候，如握拳时，容易形成较大的透视，同时指节也更为突出。表现手首先要掌握手指和手掌的基本比例，再将手指进行分组，大拇指拥有独立的运动范围，因此一般和其他四指分开画。画手一般“先画骨，再画皮”，即先明确手的姿势动态，再画手部细节。

（一）手的表现步骤

（1）用线条概括出手的大概姿势；

（2）通常会将大拇指与其他四指分开，并在分组的手指区域中整理出每根手指，表现出手指之间的前后空间关系；

（3）根据手的动态将手掌和手指部分分开，画出每根手指；

（4）注意关节的部分要有转折，突出指节并添加指甲等细节。

具体表现步骤如图 3－6 至图 3－9 所示。

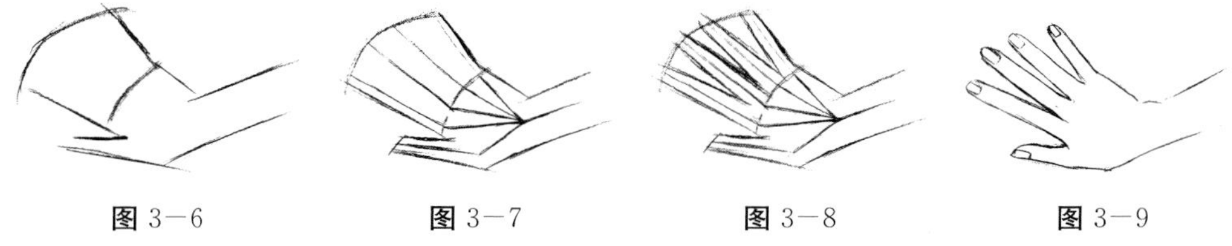

图 3－6　图 3－7　图 3－8　图 3－9

（二）手表现的要点

1. 注意手的大小

手接近脸长，不要为了刻画细节忘记手与身体之间的比例关系，在时装画表现中通常把手指画得纤长。

2. 重在画大轮廓

手部动态造型是展现设计师造型功底之处，但切记，在时装画中，手部的完整表现是必要的，但时装画表现的重点是服装服饰，因此手部表现无须像纯艺术作品那样细致刻画骨骼和肌肉细节，手部表现得过于精细会喧宾夺主。

3. 选择容易表现的角度刻画

尽量选择手的斜侧面或侧面进行刻画，这几个面比较常用，也比较好画。

（三）常用手部造型实例

1. 常用的手部造型分步骤表现（如图 3—10 至图 3—13 所示）

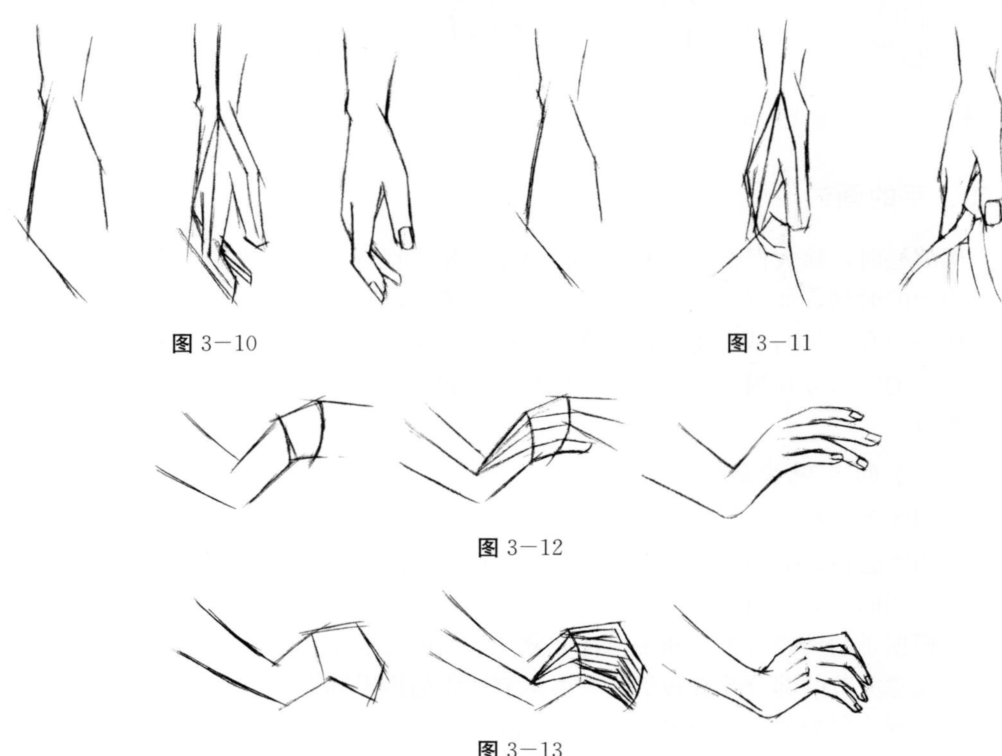

图 3—10

图 3—11

图 3—12

图 3—13

2. 常用的手部造型表现（如图 3—14 至图 3—17 所示）

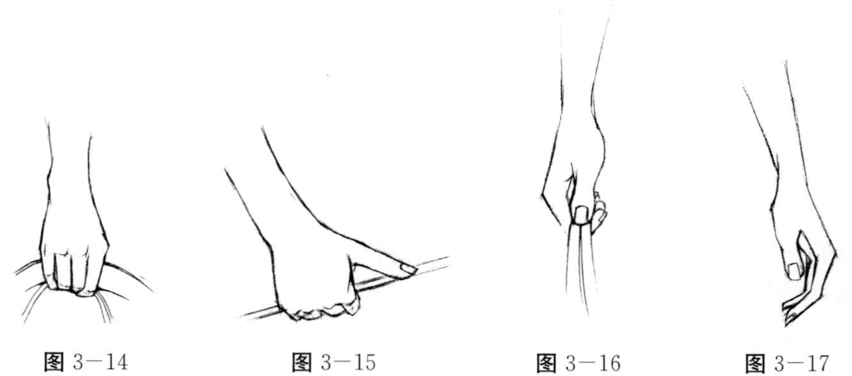

图 3—14　　图 3—15　　图 3—16　　图 3—17

3. 手与包的综合表现（如图 3－18 至图 3－21 所示）

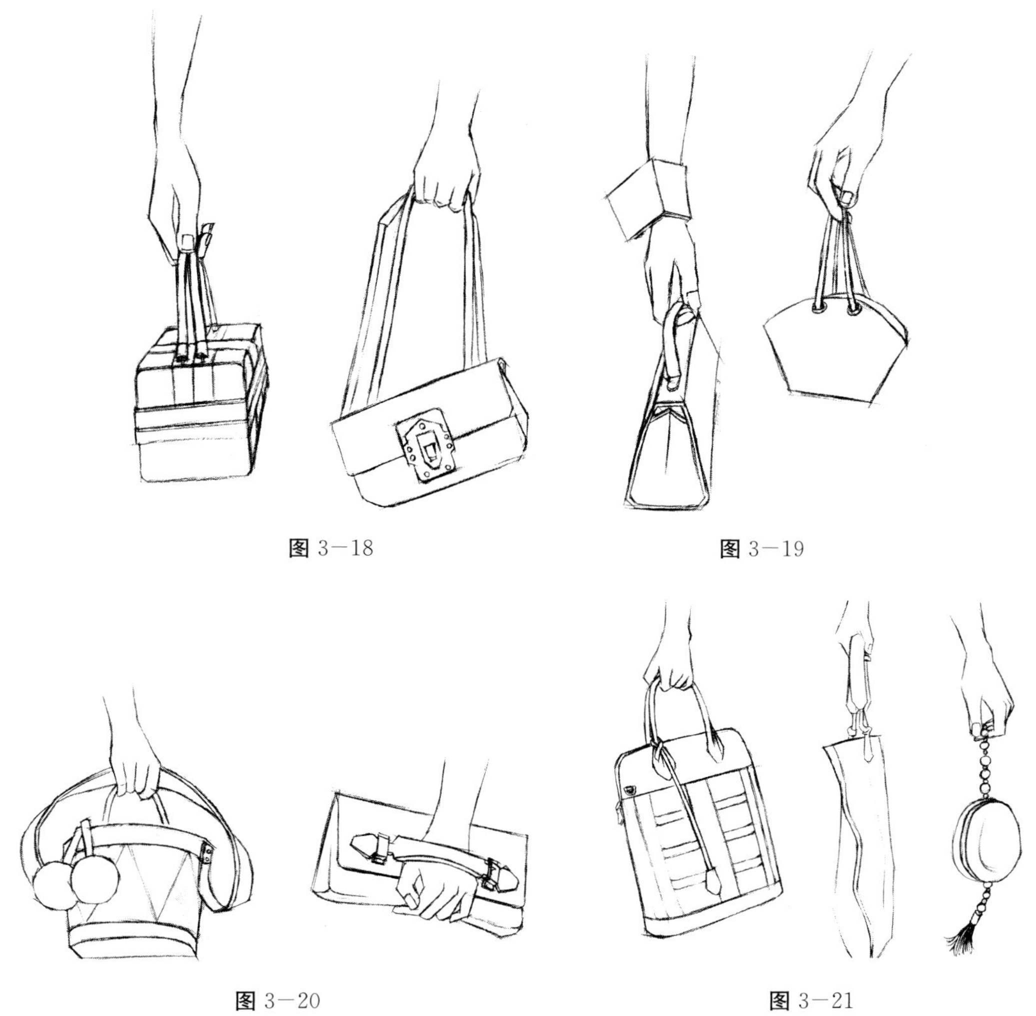

图 3－18

图 3－19

图 3－20

图 3－21

三、手臂的结构分析

在时装画中，手臂是表现服装袖子的基础，它位于身体的侧面，与服装的外轮廓造型的关系十分密切。手臂的动态是展示服装的重要部分，手和手臂是统一的整体，表现时从肩部到指尖要一气呵成。

完整的手臂由上臂、手肘、前臂三部分组成，通过腕关节和手掌相连。手臂的起点是肩头，即我们常说的肩点（SP 点，也就是肩峰）。手臂可以看作由两节圆柱构成，上臂除了肩头外，形态笔直，前臂内侧从肘关节到手腕曲线明显。绘制时要注意，上臂与小臂之比为 4∶3（也就是说上臂要比小臂长 1/3），如图 3－22 所示。手臂自然下垂时，肘关节刚好与腰节线保持水平，指尖位于大腿中部。

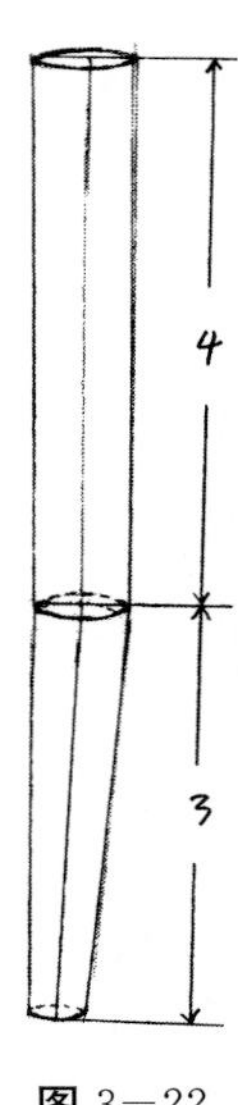

图 3—22

手臂通过肩关节的特殊结构能进行最大 360°的运动，而上臂和小臂因肘关节的连接可以达到约 180°的动作范围，最后加上腕关节的完美结合，手臂可以表现出许多优美而连贯的动态。

四、手臂的画法

（一）手臂表现的要点

1. 重在画大轮廓

其表现时方法与手部类似，用线条概括出手臂的基本动态，再表现肌肉细节。时装画中手臂是用理想化的形式画出来的，即将长度拉长、肌肉简化。手臂的大形节接近于长圆柱形，曲线变化不要太大，无须像素描作品那样细致地刻画骨骼和肌肉结构。

2. 掌握重点

要熟练掌握一些常用的、有利于表现服装的手臂造型，一些相对不太常用的特殊造型可以根据个人的需要进行深入练习。

（二）手臂造型实例

1. 常用手臂造型（如图 3—23 至图 3—25 所示）

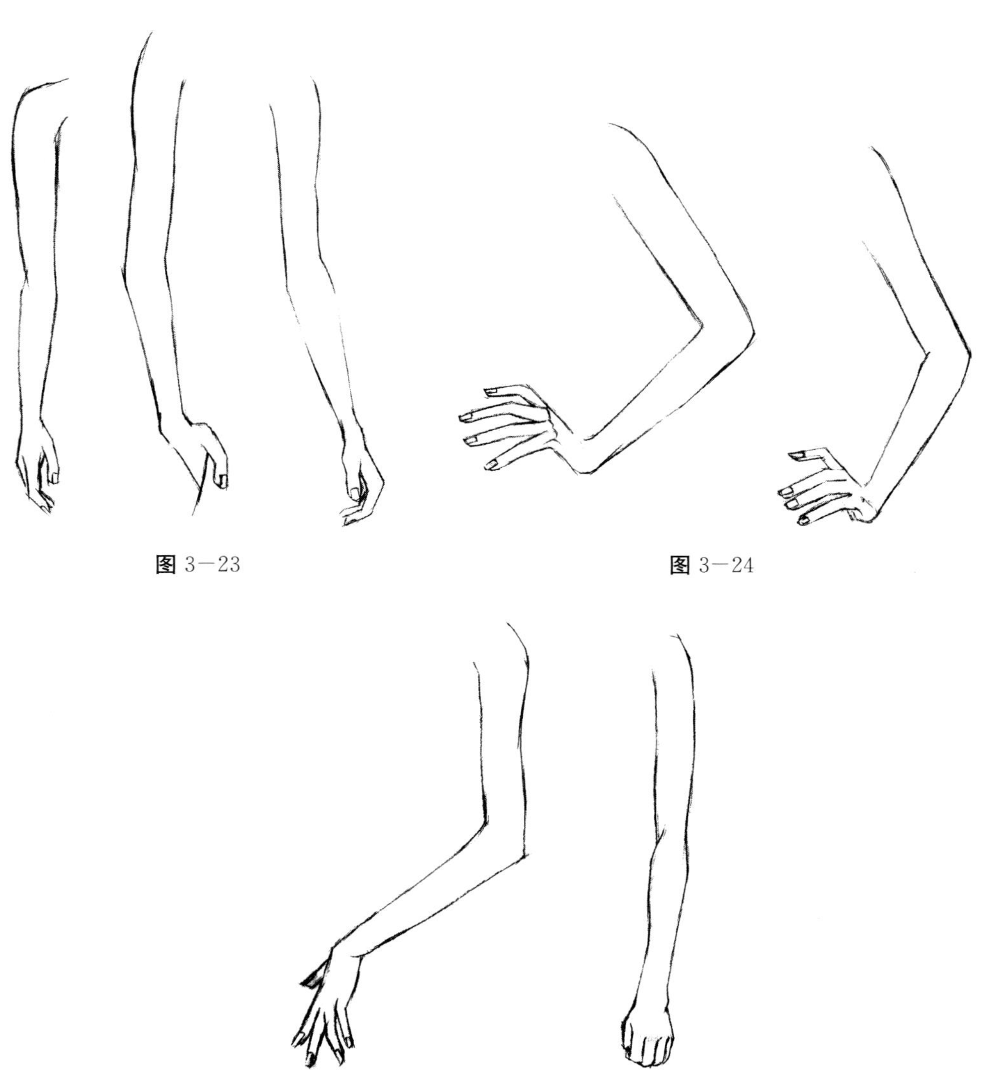

图 3—23

图 3—24

图 3—25

2. 手臂与包的综合表现（如图 3—26 所示）

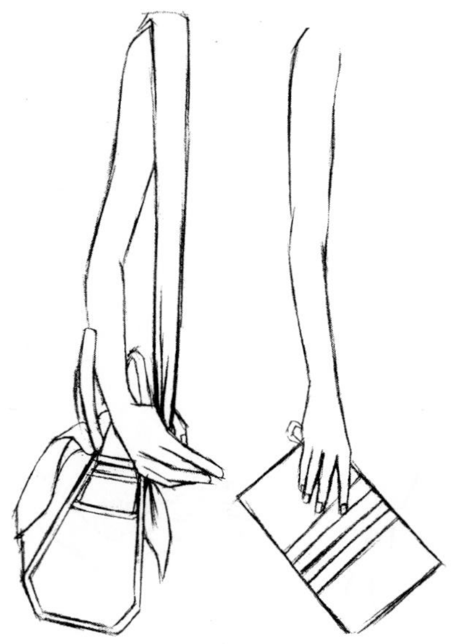

图 3—26

本节课后实践内容：

1. 识记手的表现步骤与要点。
2. 识记手臂表现的要点。
3. 常用手部造型、手臂造型临摹、写生。
4. 常用手部造型、手臂造型默写。

本节思考题：

1. 时装画中手的表现与速写、素描的手部表现有何异同？
2. 时装画中手及手部表现注重什么？

第二节　脚与腿的表现

一、脚的结构分析

脚是由脚趾、中足骨、足跟骨三个部分组合而成的，其长度约等于一个头长。由于人体的大部分动态中，脚部动态中的脚尖到脚跟有空间上的前后关系，呈现出较明显的透视，尤其是光脚正面双脚并拢的姿势最为明显。因此，画脚的时候需要特别注意脚的透视变化。与手相比，脚的动态相对较少。脚背、脚心、脚跟、脚尖这四个部位是表现脚步姿态的关键部分。从正前面看，脚部踝关节处骨点呈现内高外低的特点，如图 3—

27 所示。

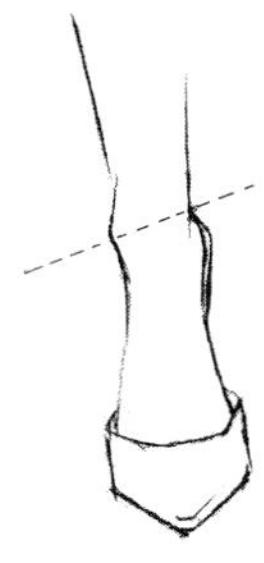

图 3－27

二、脚与鞋

在时装画中很少出现赤足的模特，大部分模特都穿着鞋子。鞋子既是穿在脚上的装饰品，也是足部的保护工具。鞋子的样式众多，平底鞋或高跟鞋，船鞋或靴子，都能展现不同的风格特征。鞋子是基于脚的结构及人行走的需要而设计的，要表现不同角度、不同款式的鞋子，先要了解脚的运动规律。首先，尽管脚的关节也非常多，但由于脚是人体的承重部位，脚的动态变化远没有手那么丰富。其次，在大部分的人体动态中，脚部的动态变化主要通过踝关节与脚趾第一趾节的运动来完成，因此脚部的动态相对简单。在时装画中，光足时脚的动态主要分为平脚与垫脚两大类；而穿鞋后则根据鞋跟的高度分为平跟、中跟、高跟三类，但穿鞋后脚部关节的运动规律与光脚时是一致的。

脚的画法与手类似，用线画出脚部的基本动态，表现出脚掌、脚趾、脚跟三个部位的走势，脚趾可以作为一个整体来表现。

（一）常用的足部造型表现步骤

（1）用线条概括出足部的基本轮廓；

（2）表现足部的基本动态；

（3）将线条调整准确，并用线条将鞋子和暴露的脚面区分开；

（4）刻画鞋子的细节，注意用线的虚实，擦去辅助线。

具体表现步骤如图 3－28 至图 3－31 所示。

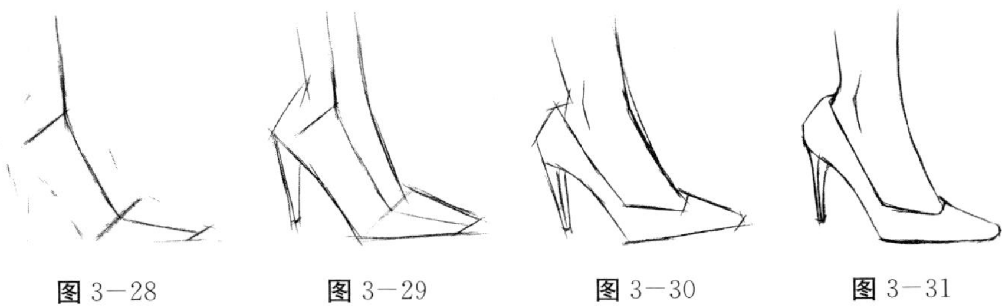

图 3－28　　图 3－29　　图 3－30　　图 3－31

（二）足部表现的要点

1. 选择容易表现的角度刻画

在时装画中，表现高跟鞋的时候居多：一是显得修长，二是易于表现腿部的美感。穿平底鞋从正前面看会显得脚短而宽，可以选择侧面或 3/4 侧面的角度进行刻画。

2. 踝关节的刻画

连接小腿和脚的部分是踝关节，在时装画中不需要细致刻画，概括大形即可。

3. 鞋子的刻画

鞋子的款式丰富多样，普通高跟鞋是时装画中极其常用的款式，必须多加练习并熟练掌握。

（三）足部表现实例

不同角度足部表现实例如图 3－32 至图 3－35 所示。

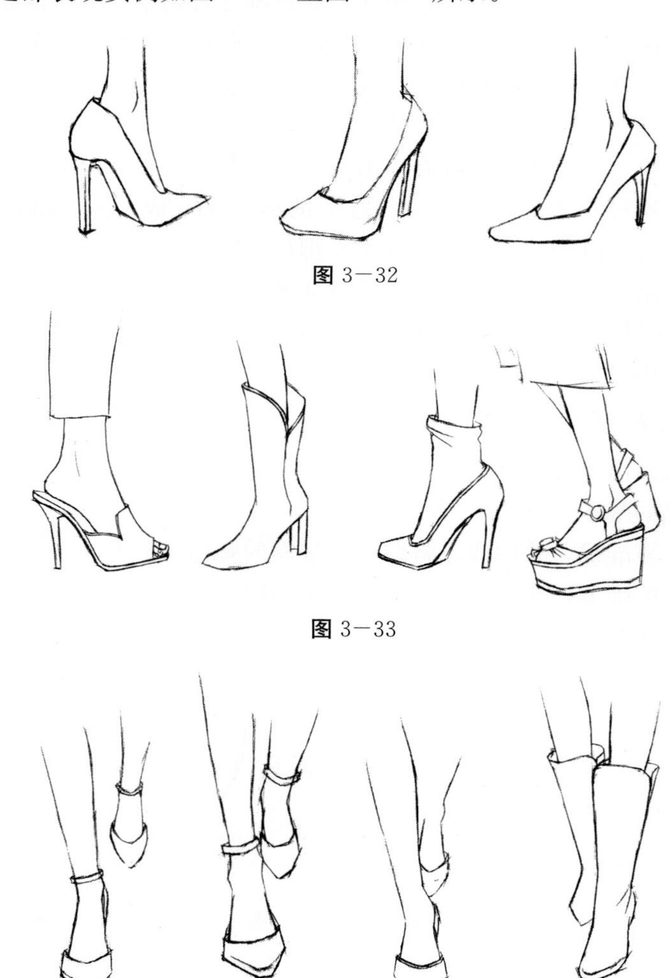

图 3－32

图 3－33

图 3－34

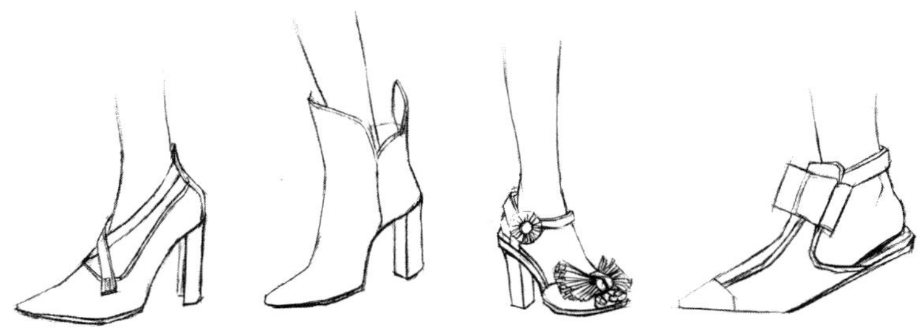

图 3—35

三、腿的结构分析

腿是由大腿骨、膝盖骨、小腿骨和踝骨组成的。通过观察可以发现，腿部具有一定的倾斜度并且非常直。我们可以用两个圆柱体来概括腿的基本形态，大腿较为笔直，小腿内侧曲线明确。从正面看，小腿内外两侧肌肉起伏变化差异较大。从内侧面观察时，膝盖呈现出前凸后凹的形态，小腿肚的弧度非常明显。在时装画中，腿长占到了身体一半以上，尽管时装画中的人体是夸张、美化了的比例，但依然是以真实的人体结构比例为基础，大腿与小腿的长度基本相等。

四、腿的表现

（一）腿部表现的要点

1. 重在画大轮廓

大腿的外形接近于上粗下细的锥状柱体，曲线变化不要太大，不要过度细致刻画膝盖、脚踝和肌肉结构。在时装画中，腿以理想化的形式出现，长度可以根据具体情况进行适度拉长。

2. 选择宜于表现服装的腿部造型刻画

时装画中，站立的腿部造型较为多见，坐姿或蹲姿相对较少。

（二）常用腿部造型实例

常用腿部造型实例如图 3—36、图 3—37 所示。

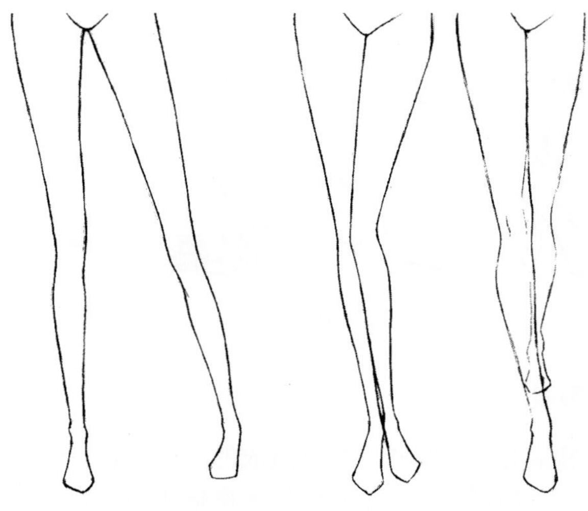

图 3—36

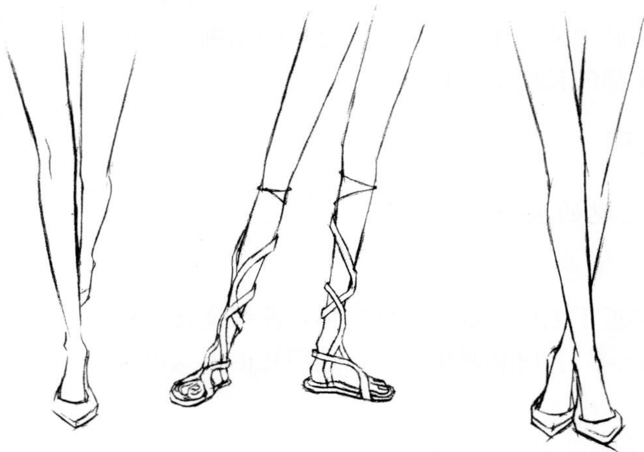

图 3—37

本节课后实践内容：

1. 识记常用的足部造型表现的步骤。
2. 识记足部表现、腿部表现的要点。
3. 常用足部造型、常用腿部造型临摹、写生。
4. 常用足部造型、常用腿部造型默写。

本节思考题：

1. 时装画足部表现与速写、素描足部表现有何异同？
2. 时装画腿部表现与速写、素描腿部表现有何异同？

第三节　9头身女性正面人体表现

一、人体的基本结构与运动规律

（一）人体的基本结构

人体被称为“世界上最均匀、最协调的形体”，这是说人体的整体与部分之间、部分与部分之间存在着和谐的构成关系。人体主要由头部、躯干和四肢组成。

头部和躯干由皮肤、肌肉和骨骼围成两个大的腔：颅腔和体腔。颅腔内有脑，与脊椎中的脊髓相连。体腔又分上、中、下三个腔：最上面的胸腔，中间的腹腔和最下部的盆腔。

四肢可以分为上肢和下肢。上肢的骨骼和肌肉结构精细、灵巧，便于运动。下肢的骨骼和肌肉都比较粗壮，因为下肢要支撑人体重量。

人体的骨骼和肌肉是复杂的，所构成的外部轮廓描绘起来难度也很大。我们可以把复杂的人体外形归纳概括成简单的几何形体，帮助初学者建立整体的观察概念，这也是学习时装画人体的第一步。我们可以把人体简单归结为一个由几何体构成的组合：头部可以看作是一个椭圆球体，颈部可以看作是一个圆柱体，胸腔至腰部可以看作是一个上宽下窄的立方体（全正面角度时是一个梯形），腰部至盆低构成一个上窄下宽的立方体（全正面角度时是一个梯形），四肢可以看作是能屈能伸的圆柱体，如图3—38所示。

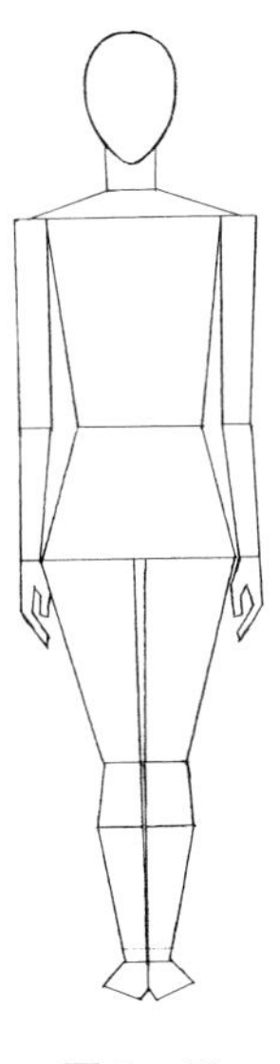

图3—38

为了帮助我们更好地理解人体，我们把鼻梁、锁骨中点、胸线中点和肚脐的连线叫作人体中线，人体以人体中线为对称轴左右两边对称。人体中线体现了人体表面的起伏

变化，在不同的人体动态中人体中线呈现不同的形态。在正面立正或双脚并拢的动态中，人体中线是一条直线；而在3/4侧面中，人体中线则是一条弯曲起伏的弧线。在时装画人体表现中，人体中线是一条重要的辅助线。

（二）人体的运动规律与人体重心

1. 人体的运动规律

人体每个部分的运动都遵循一个不变的弧线轨迹。西方文艺复兴时期达·芬奇就对手臂和腿部的抬举做过详细的研究。身体的弯曲、拉伸、扭转、前俯后仰等动作，均以同一关节为圆心呈弧线轨迹运动。值得注意的是，人体各部位的运动范围有一定的局限性。手臂前伸的弧度比后摆的弧度更大：以肩峰为圆心，手部向前运动能到达180°，但后摆仅60°。腿向外侧踢的弧度比内侧踢大：以髋骨大转子为圆心，腿向外侧踢能到60°，但向内侧踢仅20°。腰部前弯的弧度比后仰的弧度大：以脊柱末端为圆心，向前弯腰可达近90°，向后仰仅约15°。人体四肢的运动规律如图3—39所示。

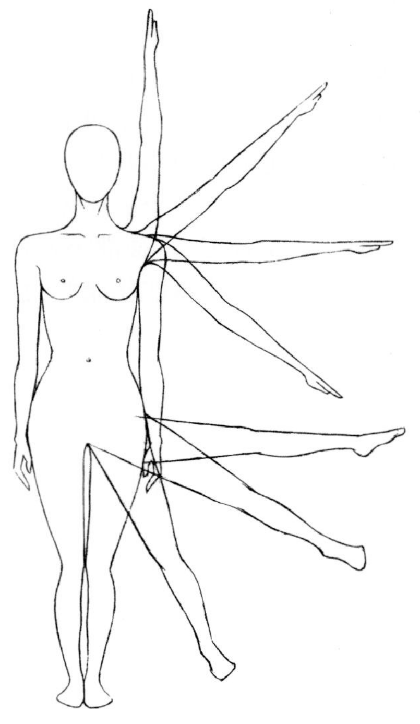

图3—39

2. 人体重心

重心在力学上指物体各部分所受重力的合力的作用点，而重心线指通过重心点向地心所引的垂直线。人体的运动受到地心引力的制约，人体的重心都指向地心，因此重心线是垂直于地面的一条辅助线。重心线在实际生活中是不存在的，但它是分析人物运动的重要依据和辅助线。

（三）人体与时装画表现

以写实为基础的时装画在表现时除了要注意各部分的比例关系，还要注意动作的合理性，避免画出的模特在结构上出现偏差甚至畸形。以美化夸张为基础的时装画在表现时一般在人体运动规律的基础上进行夸张；以写意为基础的时装画则不受一切现实拘束，完全由情感与意念的支配进行表现。

二、女性人体基本特征与基本比例

（一）女性人体基本特征

进入青春期以后，女性皮下脂肪逐渐增厚，身体逐渐丰满，尤其是胸部和臀部皮下脂肪增厚比其他部位明显，因而这两个部位显得突出。成年女性的皮肤下面的脂肪层要比男性更厚一些，身体的骨骼和肌肉却不像男性那么明显，因此女性人体表面骨点较为圆润、模糊，体型呈现出优雅的曲线美。

整体而言，成年女性骨骼整体较男性更为矮小，臀部宽度略大于肩宽，肩点与骨盆的连线呈正梯形。由于上肋骨与胸骨连接处的角度与男性不一样，所以一般情况下女性的颈部要比男性长。女性的肩部低垂，这一点在亚洲女性身上尤其明显，欧洲女性相对于亚洲女性而言，欧洲女性肩部更宽，腰臀差更明显，胸廓也较为宽大。由于女性的骨盆较宽，臀部及大腿肌肉上脂肪的厚度及其柔和的曲线决定了女性骨盆的外形。而女性的大腿由更多的脂肪构成，因此更为柔软，从视觉角度来说，形体更浑圆。女性的小腿通常线条更柔和，膝关节较狭窄，踝关节尤其是内踝突出的不太明显。

因此，女性人体的基本特征可以总结为：骨骼匀称，四肢修长，颈部细，胸部隆起圆润，肩部相对比较窄，腰身纤细而臀部突出。

（二）女性人体基本比例

在时装画中，我们通常以头的长度作为一等分，用来衡量人体各部分的比例。

人体的比例分为两方面，一是纵向比例（即长度上的比例），二是横向比例（即宽度上的比例）。初学者在学习过程中很难将二者结合起来，常常是注意了纵向上的比例关系而忽略了横向上的比例关系，或是刚好相反。普通人身高为 7 个头长。

1. 7 头身女性人体纵向比例

身高为 7 个头长；以腰为界限，上半身 3 个头长，下半身 4 个头长。

2. 7 头身女性人体横向比例

头宽为 2/3 个头长，肩宽为 1.5 个头长，腰宽为 1 个头长，臀为 1.5 个头长。7 头身人体比例如图 3—40 所示。

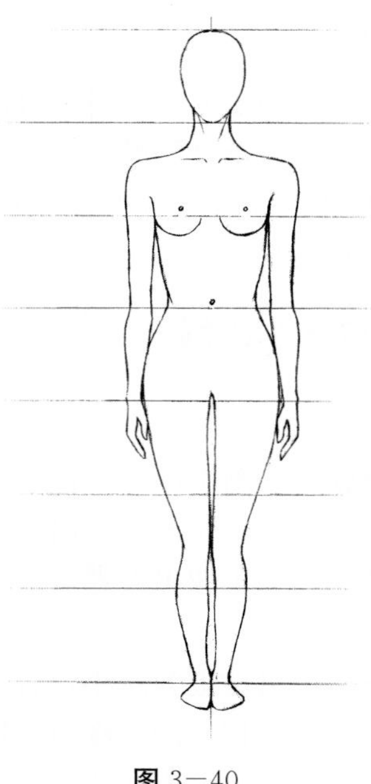

图 3—40

本节课后实践内容：

1. 根据本节知识，观察女性人体特征。
2. 进一步理解女性人体基本特征。

本节思考题：

1. 时装画女性人体表现与真实的女性人体会有区别或联系吗？
2. 时装画中如何表现女性人体的特质？

第四节　9 头身女性正面人体表现

一、9 头身女性人体比例

9 头身女性人体比例均匀，四肢修长，适合表现不同种类、不同风格的时装画，是时装画中常用的头身比例。相对于 7 头身，9 头身人体上半身将脖子、肩部拉长，而下半身则主要将腿部拉长。因此，9 头身人体以腰为界限，上半身 3 个头长，下半身 6 个头长。

（一）9 头身女性人体纵向比例

9 头身女性人体纵向比例详细比例关系如下：

（1）9 头身，即身体长度共 9 个头长；

（2）肩线在第 2 个头长的 1/2 处；

(3) 胸围线在第 2 个头长处;
(4) 胸下围位于第 3 个头长的上 1/3 处;
(5) 肘部和腰部最细处位于第 3 个头长处;
(6) 臀部最宽处在第 4 个头长处;
(7) 手腕略低于臀部最宽处;
(8) 膝盖在第 6 个头长处;
(9) 脚踝在第 9 个头长上 1/4 处;
(10) 脚尖在第 9 个头长处。

(二) 9 头身女性人体横向比例

9 头身女性人体横向比例详细比例关系如下:
(1) 头宽为 2/3 个头长;
(2) 肩宽为 1.5 个头长;
(3) 腰宽为 1 个头长;
(4) 臀宽略小于肩宽。

二、9 头身女性正面人体表现

(一) 9 头身女性人体绘制的详细步骤

(1) 在纸面中央画一条与纸边垂直的线,并把这条线平分为 9 等分。在每条横线的最左边标出分别是第几个头长,在每条横线的最右边标注出人体关键部位的名称:
第 2 个头长的 1/2 处是肩线;
第 2 个头长处是胸围线;
第 3 个头长的上 1/3 处是胸下围;
第 3 个头长处为肘部、腰部;
第 4 个头长处为臀围;
第 5 个头长处为指尖;
第 6 个头长处为膝盖;
第 9 个头长的上 1/4 处为脚踝;
第 9 个头长处为脚尖。

(2) 在第一个头长位置画出头,定出肩宽、腰宽、臀宽,并连接肩峰到腰宽、臀宽:
头宽为 2/3 个头长;
肩宽为 1.5 个头长;
腰宽为 1 个头长;
臀宽略小于肩宽。

(3) 画出颈部,下巴到肩线的 1/2 处为肩斜线的起点;用点确定膝盖之间的间距、膝盖宽度、踝关节宽度、脚掌宽度,连接以上各点,画出腿部及脚部辅助线。

(4) 手腕在略低于臀部最宽处的位置,用点确定肘关节及腕关节的宽度,画出手臂

辅助线。画出手的基本动态。

（5）在辅助线的基础上，根据肌肉的走向调整线条，在结构合理的基础上将线条画顺，画出乳房、肚脐、锁骨等处。

（6）调整细节，擦去辅助线。

详细步骤如图 3－41 至图 3－45 所示。

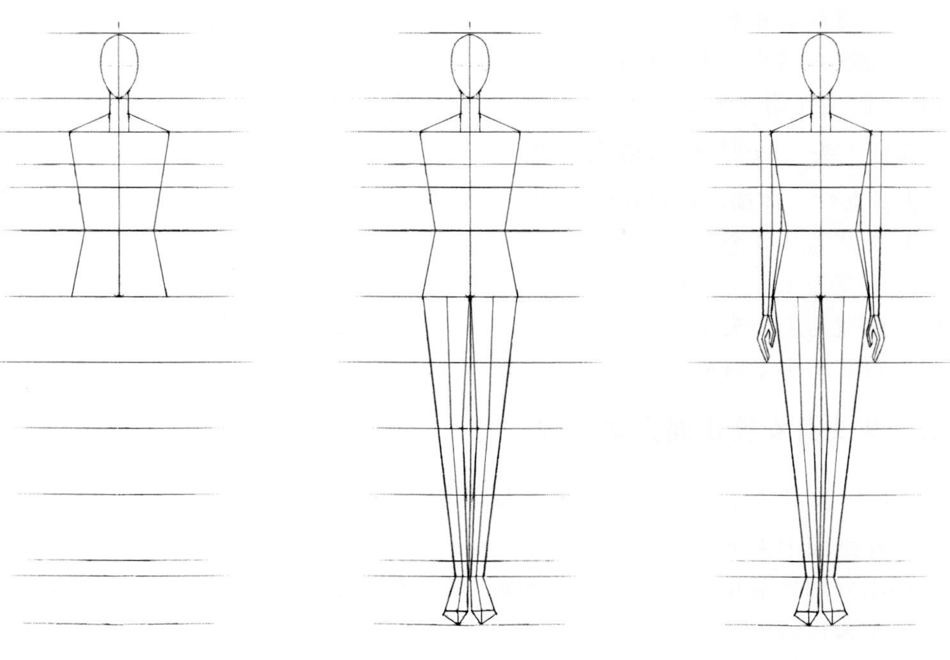

图 3－41　　图 3－42　　图 3－43

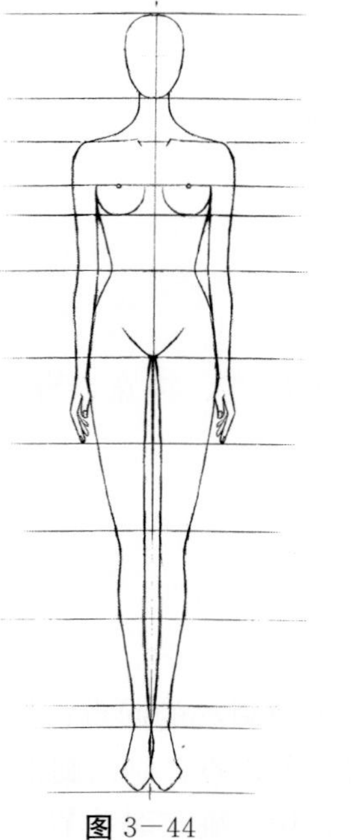

图 3－44　　图 3－45

（二）9 头身女性人体绘制的要点

1. 牢记比例关系及各关键部位的位置

9 头身女性人体纵向、横向的比例关系和各关键部位所在的位置必须牢牢记住，这是绘制 9 头身女性人体的基础。如果记不住或是记错了，将出现比例错乱的现象。

2. 运用辅助工具

与素描速写不同，初学 9 头身女性人体时，需要借助辅助工具直尺，这可以大大减少 9 头身女性人体绘制的难度。尤其是对于基础相对薄弱的同学来说，直尺的运用有利于快速掌握 9 头身女性人体绘制的方法和技巧。

3. 概括大形

9 头身女性人体是理想的人体比例，但依然是以正常的人体骨骼肌肉为基础的。9 头身女性人体不需要像素描那样表现肌肉和骨骼，而是用概括的手法，把人体表现得修长苗条、性别特征鲜明。因此线条需要明确而顺滑，虚实处理要得当。

本节课后实践内容：

1. 识记 9 头身女性人体比例。
2. 识记 9 头身女性人体绘制的详细步骤。
3. 识记 9 头身女性人体绘制的要点。
4. 9 头身女性人体绘制临摹。
5. 9 头身女性人体绘制默写。
6. 女人体正面 7 头身到 9 头身人体比例拉长写生练习。

本节思考题：

1. 时装画女性人体与真实的女性人体有何异同？
2. 9 头身女性人体与速写、素描女人体时装画女性人体相比有何特点？

第五节　9 头身性女人体正面动态表现

选择合适的女性人体动态能更清楚地表达出服装的款式特征，还能使着装效果更加生动自然。女性人体动态表现是时装画中继 9 头身比例和结构之后的又一重要环节。

一、时装画人体动态与重心

（一）人体动态与重心线

人体的站、坐等姿态需身体各部位根据重心和着力点来达到平衡，或者说人体运动时各部位的关系变化都是为了保持重心，达到平衡。在绘制站立的人体时，我们一般会通过锁骨中点向地面画条垂线作为重心线，用于帮助分析人体的重力分布及身体重量的支撑关系。重心线是一条辅助线，通过它可以衡量人体是否站稳。立正姿势时人体的重力由双脚平均支撑，重心线是锁骨中点到脚跟的直线，如图 3－46 所示。

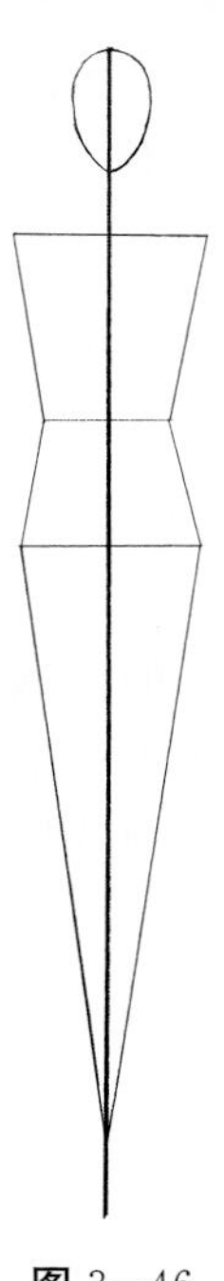

图 3－46

（二）人体动态与重心变化

表现站立的动态人体，首先需要分析人体的重量主要是由单腿支撑还是由双腿支撑的，再确定重心线的位置。女性人体正面动态因动作的变化，重心发生变化，重心线也随之变化。如正常放松的站立姿势是将体重平均分配在两条腿上，这时重心线落在两腿之间，如图 3－47 所示。当身体重力主要由一条腿来支撑时，支撑身体重量的这条腿被称为支撑腿，此时裆部的中心点会偏离重心线，肩线和臀线会相应倾斜，并呈相反的方向，为了保持身体平衡，重心线会落在支撑腿附近，如图 3－48 至图 3－50 所示。

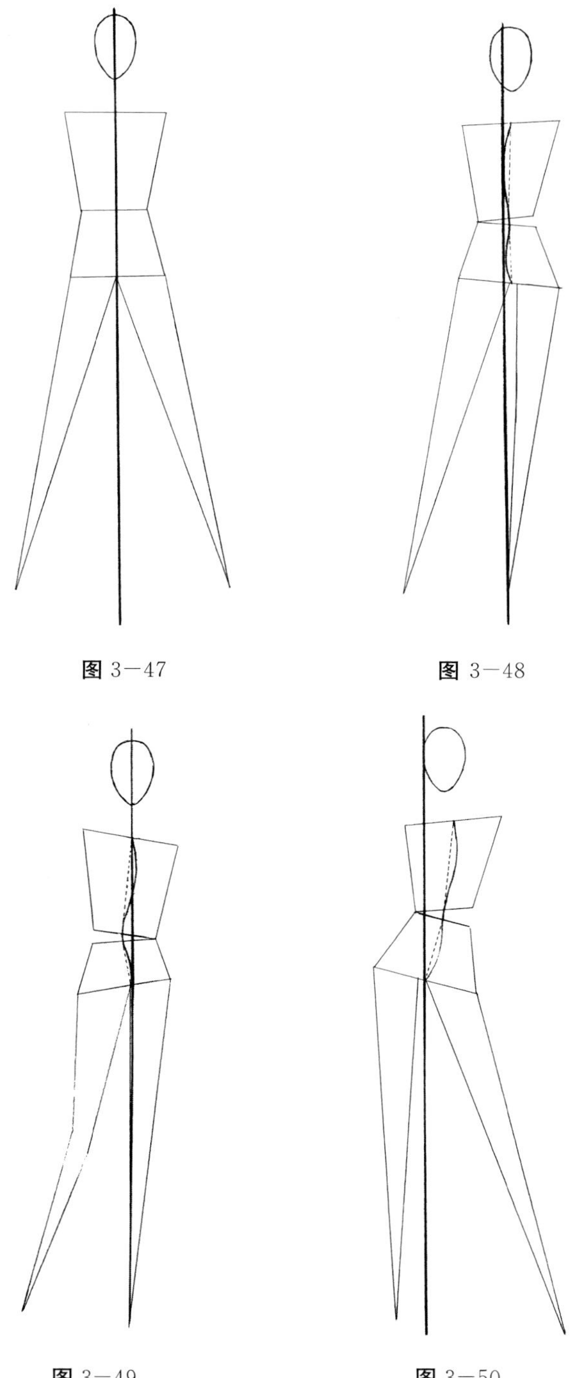

图 3—47　图 3—48

图 3—49　图 3—50

二、9头身女性人体正面动态表现

（一）女性人体正面动态特点

1. 身体重心发生变化

女性人体正面动态姿势中，身体重量或由双腿共同支撑，或主要由某一条腿支撑。身体重量由双腿共同支撑时，重心线落在两腿之间。身体重量主要由某一条腿支撑时，重心线落在支撑腿附近。

当身体重心移向一条腿时，这条腿就支撑着整个身体的重量。支撑腿因为受力的缘故，往往是直的，不弯曲。而另一条不承重的腿是放松的，造型可弯可直。支撑腿与股骨上端连线密切相关，支撑腿一侧的臀部通常是抬高的。

2. 肩线和臀线发生倾斜

身体重心发生变化后，因身体的平衡需要，肩线和臀线呈相反方向倾斜。因此，绘制9头身性女人体时肩部和臀部的梯形要进行倾斜，肩部和臀部的梯形倾斜方向相反，裆部的中心点会偏离重心线。

3. 透视发生变化

9头身女性人体有些动态中，如两只脚一前一后、或是手一前一后摆动（如行走的动作），手和腿都存在空间的前后关系，因此产生了透视的变化，要特别注意手臂的长短透视变化及脚的大小变化。

（二）9头身女性人体正面动态的绘制步骤

（1）在纸面中央画一条与纸边垂直的线，将这条线定为重心线，并平分为9等分；标出头长与关键部位名称，画出头部。

（2）画出肩部到腰部的梯形，画出腰部到臀部的梯形。

（3）根据重心线找出承重腿脚踝的位置，确定脚尖与膝盖的位置，用单线画出支撑腿的动态，即动态线；用同样的方法画出另外一条腿的动态线。

（4）用点确定膝盖宽度、踝关节宽度、脚掌宽度，连接以上各点，画出腿部及脚部辅助线。

（5）画出手的动态线，用点确定肘关节及腕关节的宽度，画出手臂辅助线，画出手的基本动态。

（6）在辅助线的基础上，根据肌肉的走向调整线条，在结构合理的基础上画线条画顺，画出乳房、肚脐、锁骨等部位。

绘制步骤如图3—51至图3—55所示。

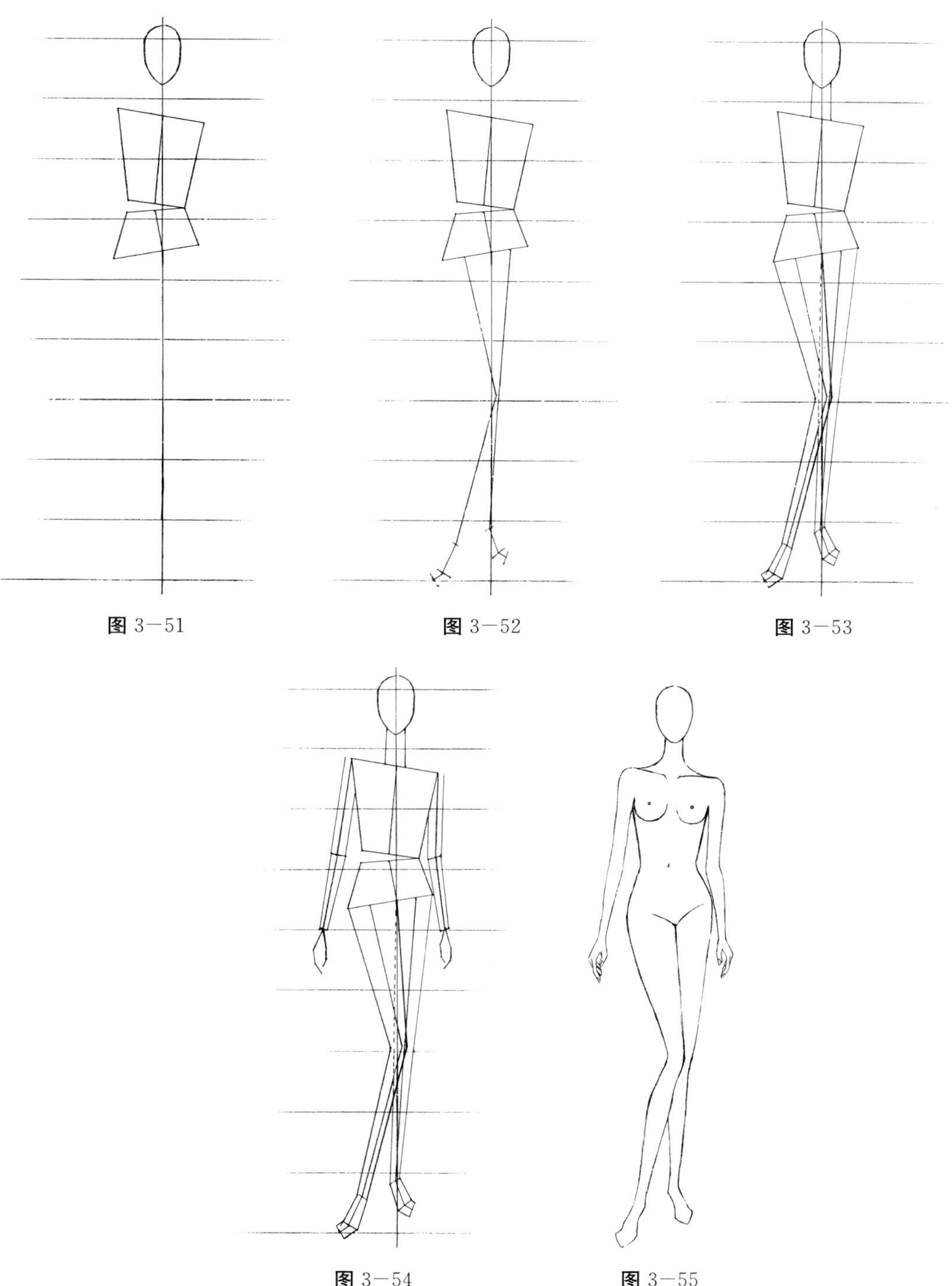

图 3—51　图 3—52　图 3—53

图 3—54　图 3—55

（三）9头身女性人体正面动态表现的要点

1. 找准重心线

9头身女性人体正面动态的重心是在两腿之间，绘制时可将重心线画在纸的中线上；而如果重心落在某一条腿上，绘制时重心线则需要适当偏离纸面中线，以确保构图美观。

2. 找准肩线和臀线

绘制9头身女性人体时，肩部和臀部的梯形要进行倾斜，肩部和臀部的梯形倾斜方向相反，但不可过度倾斜。裆部的中心点会偏离重心线，但都符合人体运动与平衡的规律，绘制时不可偏过头。

3. 根据动态线来画四肢

根据动态特点和重心线来确定下肢的动态线，确保人体平衡，合理运用辅助线对人体动态的把握非常有帮助。上肢变化相对比较自由，一些常见的姿势要熟练。

（四）常用的9头身女性人体正面动态实例

常用的9头身女性人体动态分为站立和行走两大类。站立属于静止的动态，行走属于行进动态。行走动态主要采用的是时装模特在T台上展示的动态。这类动态比较生动，气场十足，肩部和臀部的摆动形成具有韵律感的动态，能较好地突显女性的曲线美。行走动态与站立动态相比，运动幅度比较大，尤其是肩膀和胯骨摆动非常明显，因此一定要掌握好重心，保持动态平衡。此外，行走时产生的透视是该类动态的难点，比如向后抬起的小腿或向前摆动的手臂，都会产生较大的透视变化。常用的9头身女性人体正面动态实例如图3－56至图3－59所示。

图 3—56

图 3—57

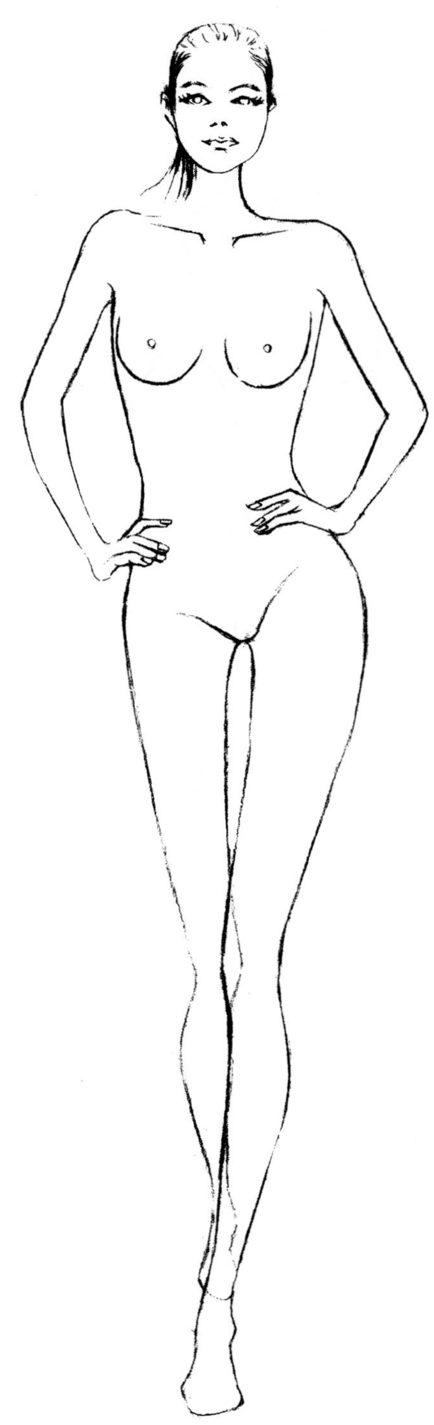

图 3—58

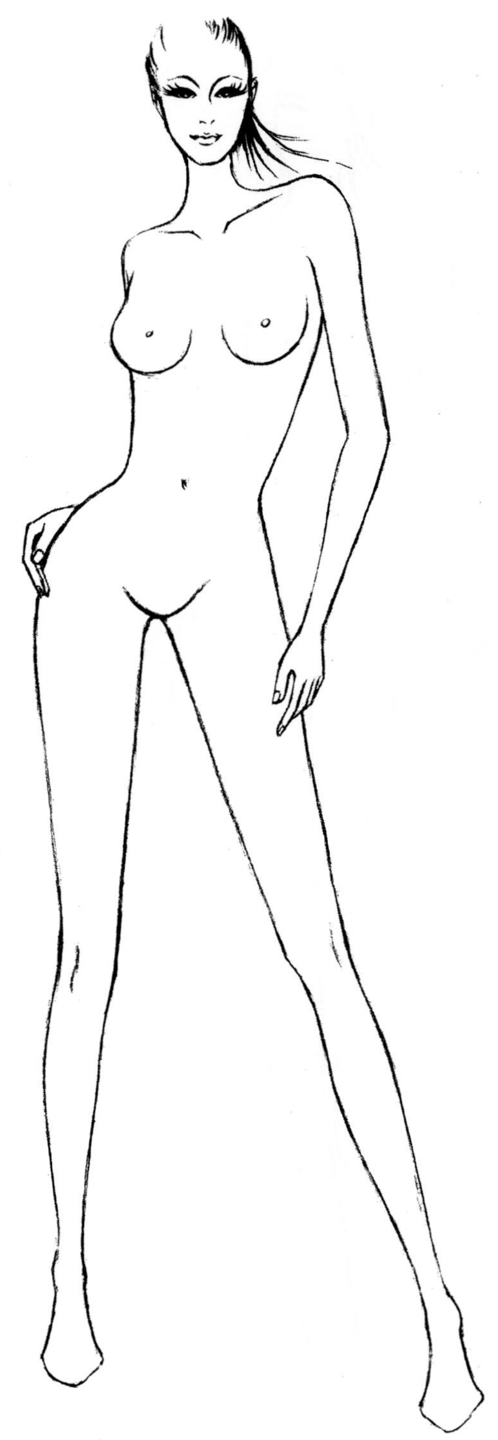

图 3—59

本节课后实践内容：

1. 根据本节知识，认真观察女性人体正面动态，并进行总结。
2. 识记9头身女性人体正面动态的绘制步骤。
3. 识记9头身女性人体正面动态表现的要点。
4. 查找相关资料，找出自己喜欢的正面动态模特图片，分析并画出其动态线、重心线。
5. 9头身女性人体正面动态表现临摹。
6. 女性人体正面动态重心小稿练习。
7. 9头身女性人体正面动态表现默写。
8. 人体正面动态姿势7头身到9头身人体比例拉长写生练习。

本节思考题：

1. 9头身女性人体正面动态中人体重心有何变化？
2. 人体重心变化会给躯干带来怎样的变化？

第六节　9头身女性人体侧面表现

侧面人体动态不仅能清楚地表达出服装的侧面特征，也能较好地展现服装的立体效果，是时装画中常用的动态。但3/4侧面人体透视变化较大，是时装画人体中较难把握的角度。

一、3/4侧面人体动态分析

与正面相比，3/4侧面能看到人体的侧面。把人体躯干理解成立方体时，正面的人体躯干是两个平面的梯形，因为侧面的两个面是看不到的；而当人体侧转时，躯干的立方体侧面就能被看到了，立方体由平面变为立体。人体中心线左右两边到观察者的距离有远近的变化，因此会有近大远小的透视变化。

二、9头身女性人体3/4侧面动态表现

（一）9头身女性人体3/4侧面动态的绘制步骤

（1）在纸面中央画一条与纸边垂直的线，将这条线定为重心线，并平分为9等分；标出头长与关键部位名称。并画出头部，注意头部和重心线的位置关系。

（2）画出肩部到腰部的梯形，画出腰部到臀部的梯形，注意两个梯形的透视变化。

（3）画出颈部，注意颈部是一个倾斜的柱体；根据重心线找出承重腿脚踝的位置，确定脚尖与膝盖的位置，用单线画出支撑腿的动态，即动态线；用同样的方法画出另外一条腿的动态线。

（4）用点确定膝盖宽度、踝关节宽度、脚掌宽度，连接以上各点，画出腿部及脚部

辅助线。

（5）画出手的动态线，用点确定肘关节及腕关节的宽度，画出手臂辅助线，画出手的基本动态。

（6）在辅助线的基础上，根据肌肉的走向调整线条，在结构合理的基础上将线条画顺，画出乳房、肚脐、锁骨等部位。

绘制步骤如图 3－60 至图 3－65 所示。

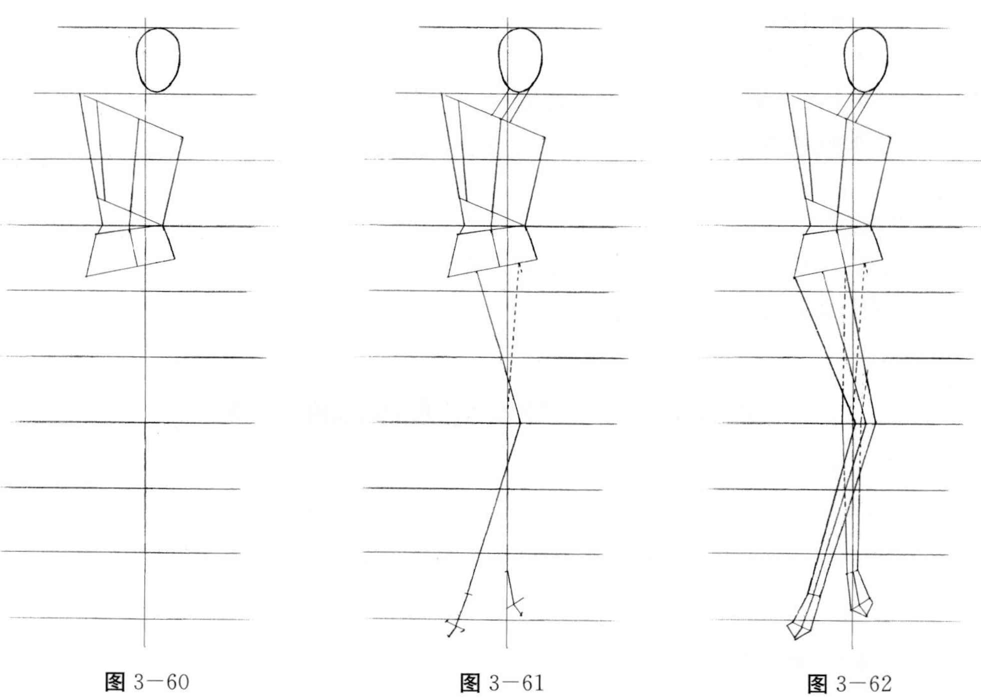

图 3－60　　图 3－61　　图 3－62

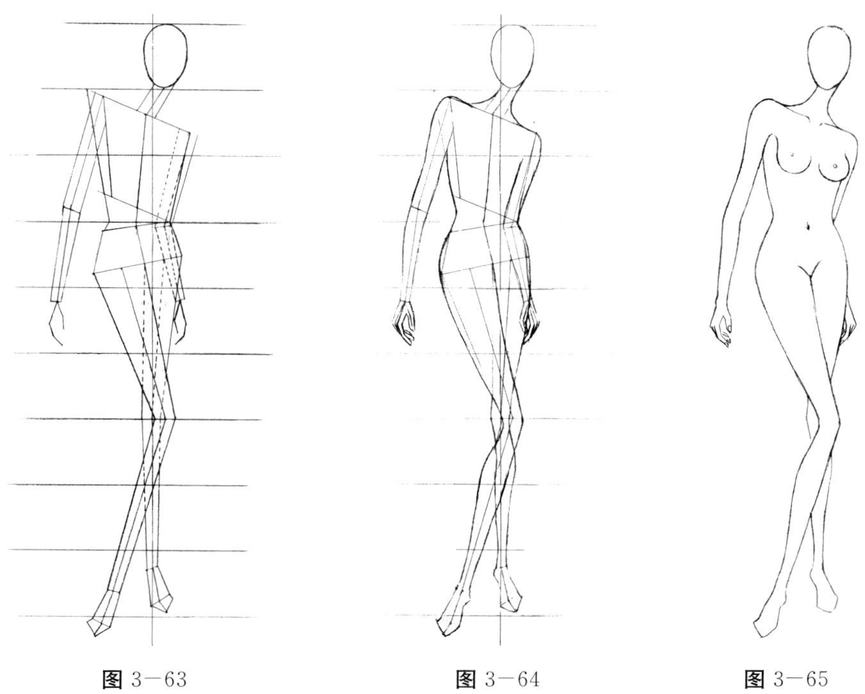

图 3—63　图 3—64　图 3—65

（二）9 头身女性人体 3/4 侧面表现的要点

1. 找准重心线与人体中线的关系

9 头身女性人体 3/4 侧面动态表现难度较大，纵向上重心线与人体中线完全偏离，横向上躯干透视变化比较大，因此需要找准重心线与人体中线的关系，以人体中线为参考来矫正形体与透视。

2. 找准四肢的动态线

在找准人体中线的基础上确定四肢动态线，下肢动态线要以重心线为参考和依据，支撑腿的脚跟与重心线重合。

3. 注意透视变化

无论躯干还是四肢，都存在前后的空间关系，因此要处理好大小与虚实等透视关系。

4. 了解人体肌肉与动态的关系

人体的不同动态来源于不同的肌肉收缩与舒张，了解不同动态中肌肉的运动对于把握动态的特点非常有帮助，行走中的女性 3/4 侧面左右脚的肌肉收缩与舒张就完全不同，左右手臂肌肉也是如此。

三、9 头身女性人体正侧面动态表现

正侧面人体和正面人体相比，纵向比例不变。与正面相同的是，正侧面的躯干也是两个平面的梯形，而不同的是两个梯形的形状不一样，身体的前面一侧梯形斜边倾斜不

太明显，而身体后面一侧梯形斜边的倾斜十分明显。9 头身女性人体正侧面表现如图 3－66至图 3－68 所示。

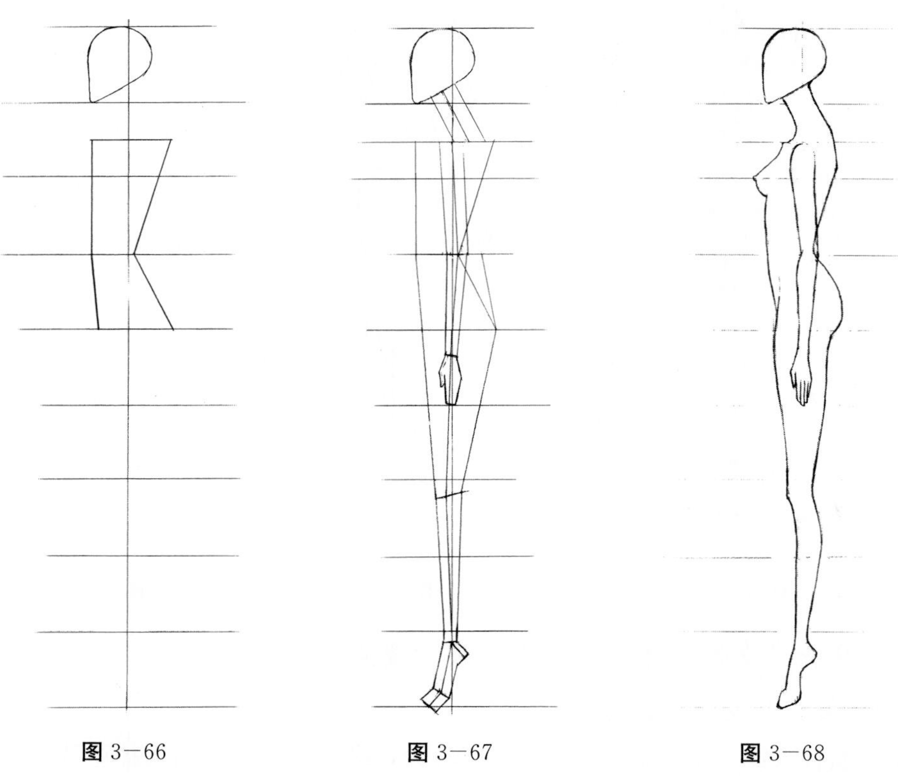

图 3－66　　图 3－67　　图 3－68

三、常用 9 头身女性人体侧面动态实例

常用 9 头身女性人体侧面动态分为站立和行走两大类。站立类的以 3/4 侧面居多，行走类的则是正侧面角度更为常见。3/4 侧面人体能全面立体地展示服装的着装效果，正侧面人体能较好地展示服装侧面及背部的设计。用小稿练习不同动态的女性人体对于把握人体重心、动态表现有较大的帮助，如图 3－69。常用 9 头身女性人体侧面动态实例如图 3－70 至图 3－75 所示。

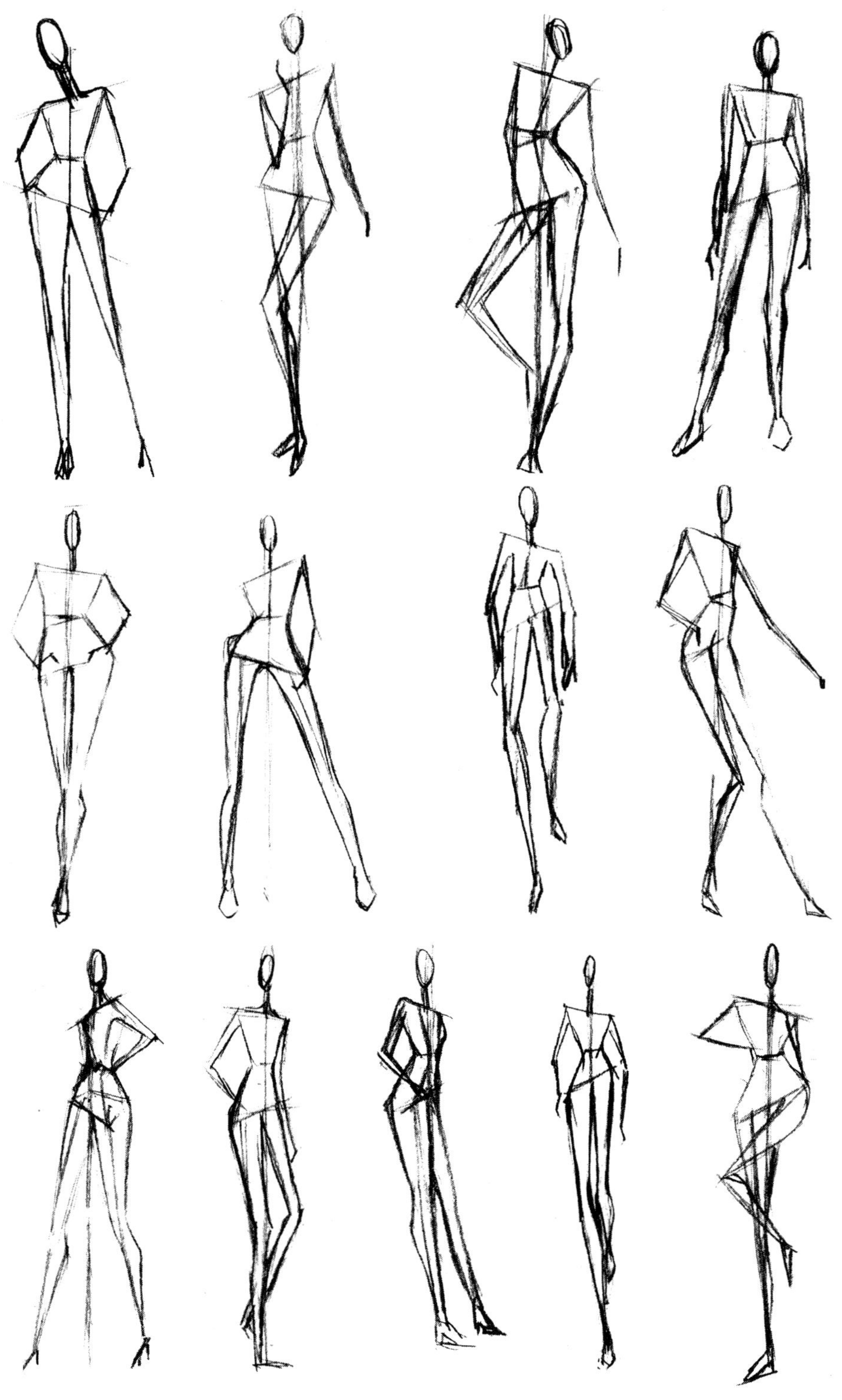

图 3－69

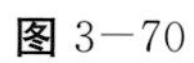

图 3－70

图 3－71

图 3—72

图 3—73

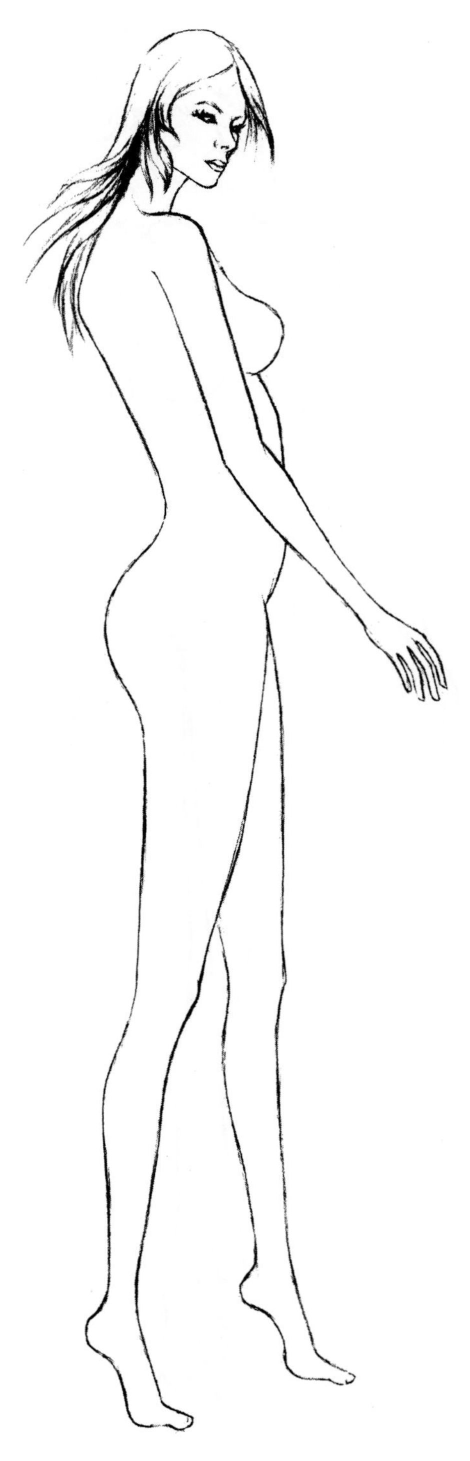

图 3—74

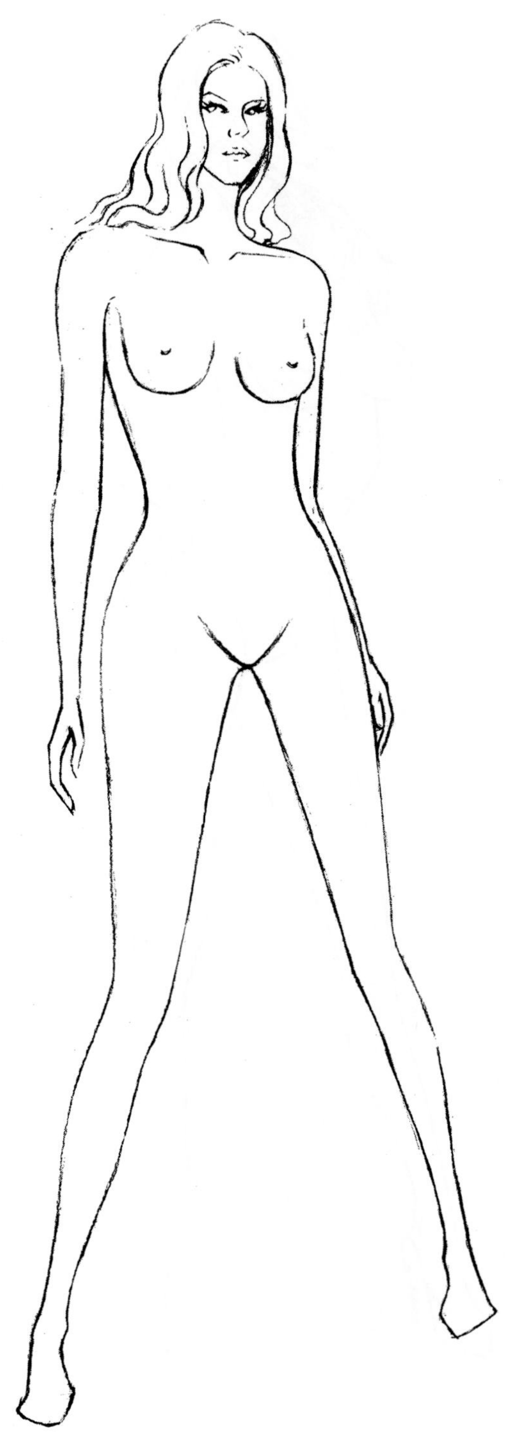

图 3—75

本节课后实践内容：

1. 根据本节知识，认真观察女性人体3/4侧面、正侧面动态，并进行总结。
2. 识记9头身女性人体3/4侧面动态的绘制步骤。
3. 识记9头身女性人体3/4侧面动态表现的要点。
4. 查找相关资料，找出自己喜欢的侧面动态模特图片，分析并画出其动态线、重心线。
5. 3/4侧面动态重心小稿练习。
6. 9头身女性人体侧面动态表现临摹。
7. 9头身女性人体侧面动态表现默写。
8. 女性人体侧面动态小稿练习。
9. 女人体侧面动态7头身至9头身人体比例拉长写生练习。

本节思考题：

1. 9头身女性人体3/4侧面动态中人体中线重心线是否有可能重合？
2. 9头身女性人体正侧面女性躯干呈现什么特点？

第七节　女性人体其他比例

在时装画中，尤其是在时装插画常常在9头身女性人体的基础上将人体比例进一步拉长，这是一种极度夸张的手法，但这种手法并不是完全没有任何规律的。时装画人体以实际人体比例为依托，以概括和夸张的手法将人体进一步拉伸至10～13头身，甚至出现16头身的比例。

一、10～13头身女性人体

相对于7头身人体而言，9头身女性人体将大腿、小腿、脖子、腰节都进行了一定的拉伸，而10头身的比例则是在9头身的基础上保持躯干比例基本不变，将四肢进行拉伸，拉伸的部位主要为腿。10头身以上的比例除了将腿部拉长之外，手臂、脖子、腰节也需要进一步拉长，肩宽、臀宽、腰宽也需要适当加宽，否则将显得不协调，如图3－76所示。

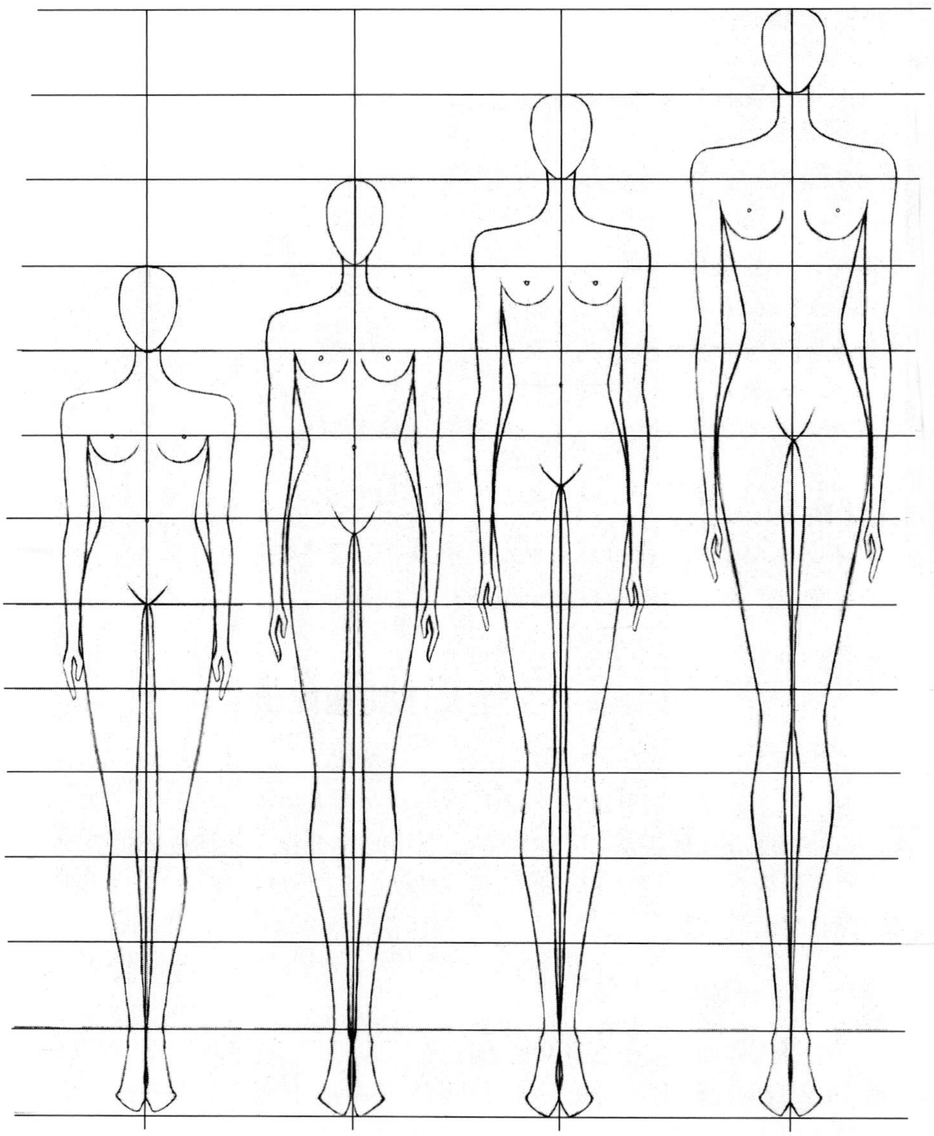

图 3-76

二、14 头身以上女性人体

14 头身以上的女性人体比例中，腿、手臂、脖子、腰节需要进一步拉长，肩宽、臀宽、腰宽逐渐加宽，头部较 9 头身更圆。当人体拉伸至 16 头身时，肩宽、臀宽为 2 个头长，腰宽略大于 1 个头长，以此来体现女性的性别特征，并同时取得视觉上的平衡，如图 3-77 所示。

图 3—77

三、9~16 头身女性人体变化规律

我们可以很明显地观察到 9、10 头身的躯干比例无变化。自 11 头身起，躯干开始拉长。随着人体高度的拉伸，腿部被拉得越来越长，人体侧面的曲线起伏变化越来越明显。在以上各种比例中，9 头身人体在真实人体的基础上进行了一定程度上的美化，显得既优雅大方，又接近正常人体，因此 9 头身人体是服装设计中最为常用的人体比例。10～16 头身的各类比例中，13 头身身体修长但不失女性的曲线美，尽管与正常人体相比是夸张的，但从视觉而言，13 头身的比例以大腿根部为分界点，上下两部分的比例接近于 5∶8，是费波那奇数列中的一组数据比例。16 头身的比例中，以大腿根部为分界点，上下两部分的比例接近于 3∶5，也是费波那奇数列中的一组数据比例。13 头身、16 头身是极其优雅的比例关系，二者相比较而言，16 头身由于肩部加宽较多，头颈部容易显得女性魁梧，因此 13 头身在美学上更胜一筹。但值得提出的是，人体比例变化关系不是一成不变的，在时装插画创作中可以根据自己的需求调整人体各部分的比例关系，用以满足创作目的。

本节课后实践内容：

1. 对比 9 头身女性人体与其他比例人体。
2. 尝试绘制 9 头身以上的女性人体。

本节思考题：

1. 为何时装画中一般都采用 9 头身比例？
2. 10～13 头身女性人体呈现出什么特点？
3. 16 头身人体呈现出什么特点？

第四章　男性人体表现

课题名称：男性人体表现

课题内容：男性头部表现、9头身男性人体比例及正面表现、9头身男性人体正面动态表现、9头身男性人体侧面动态的表现、男女体型与动态的区别

课题时间：理论2课时，课题实践2课时，课后实践4课时

教学目的：识记男性五官及面部特点9头身男人体比例、9头身男性人体正面、正面动态、侧面动态、正侧面的绘制步骤及要点；理解时装画中男性五官、头部及人体与女性的差异，理解男人体动态特点、男女体型的区别与特点、男女人体动态的特点；掌握时装画男性五官及头部的画法、9头身男人体正面、正面动态、侧面的表现步骤及要点，重点掌握几种9头身男人体常用动态

教学重点：9头身男性人体比例及正面表现、9头身男性人体正面动态表现、9头身男性人体侧面动态的表现

教学难点：9头身男性人体侧面动态的表现

教学方式：教师课堂讲授、演示，学生课堂、课后练习、教师指导、课堂测验等多种方式

必备工具：A4纸、自动铅笔、橡皮、便携速写板、签字笔

第一节　男性头部表现

无论是时装插画还是服装设计效果图，除了女装之外还有男装，因此我们不仅要掌握时装画女性的画法，还要掌握时装画男性的画法。男性头部给人感觉俊朗、有力，和女性头部相比整体表现出结构突出、棱角分明的特点，五官也更为立体。因此，男性头部画法与女性头部的画法有较大的区别。

一、男性五官特点及表现

（一）男性五官特点

男性眉毛粗黑浓重，呈剑形。眼睛较小，扁长，有棱角。鼻梁比较宽厚，看起来线条较生硬，鼻头比较大，鼻孔较粗。嘴比较大，且上唇比较低。耳朵比女性稍大，轮廓分明。

（二）男性眼睛的表现

1. 男性眼睛的画法

图 4—1、图 4—2、图 4—3 分别为男性眼睛正面、3/4 侧面、正侧面表现。

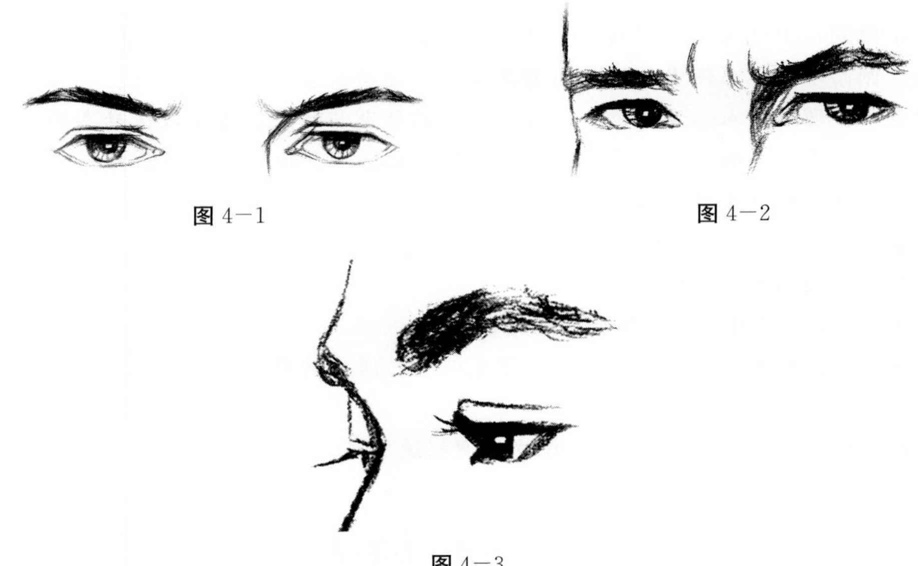

图 4—1

图 4—2

图 4—3

2. 男性眼睛表现注意事项

（1）男性眼睛的表现步骤与女性相同，但用笔更为粗犷。

（2）男性的眉色重，表现时需要注意眉头、眉骨等处。眉头稍皱会显得男性更酷。眉毛的生长不一定非常规律，眉骨的立体感鲜明。

（3）男性眼睛表现时多用直线，一般不画睫毛。眼睛线条不要像女性那样画得太重太深，以免像画了眼线。男性眼部表现的重点是眉毛和瞳孔，背光情况下，凹陷的眼窝可以用排线的方式进行处理。

（三）男性鼻子的表现

1. 鼻子的画法

图 4—4、图 4—5、图 4—6 分别为男性鼻子正面、3/4 侧面、正侧面表现。

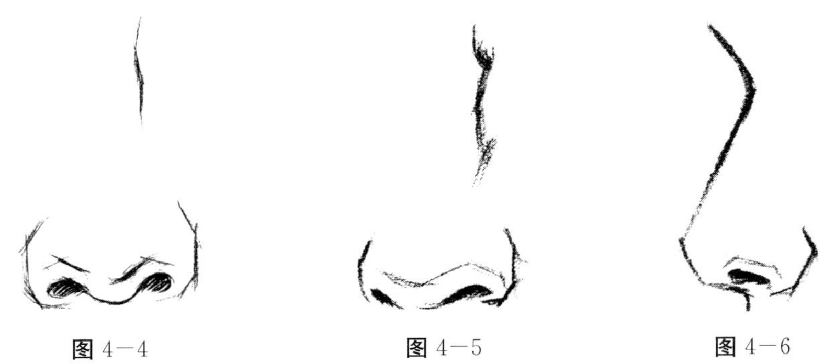

图 4－4　　图 4－5　　图 4－6

2. 男性鼻子表现注意事项

（1）男性鼻子多以直线来表现。

（2）男性的鼻子比女性显得更加粗大，可以适当刻画鼻骨和鼻翼。

（3）背光部分如鼻底，可以用排线的方式处理。

（四）男性嘴巴的表现

1. 男性嘴巴的画法

下图 4－7、图 4－8、图 4－9 分别为男性嘴巴正面、3/4 侧面、正侧面表现。

图 4－7　　图 4－8　　图 4－9

2. 男性嘴巴表现注意事项

（1）男性嘴巴唇线不宜画实，以免像是勾了唇线。

（2）男性嘴巴表现时口缝线是重点，简略表现时可以只画口缝线。

（五）男性耳朵的表现

1. 男性耳朵的画法

图 4－10、图 4－11、图 4－12 分别为男性耳朵正面、3/4 侧面、正侧面表现。

图 4－10

图 4－11

图 4－12

2. 男性耳朵表现注意事项

（1）男性耳朵表现多用直线。

（2）耳朵要表现得简约硬朗。

二、男性头部的特点及表现

（一）男性头部的特点

男性的头盖骨更大，更有棱角，结构更有力度感，其表面更粗糙，可以使肌肉的肌腱部分紧紧附着在上面，从而增强肌肉的牵拉能力。男性的额头一般比较宽、比较高，且眉骨突出。颧骨比较扁平，脸部线条比较生硬。下颌骨比较宽，且肌肉层较厚。下巴宽厚且平。男性的面部肌肉较女性而言更厚实。

（二）不同角度男性头部的画法

（1）正面男性头部表现实例如图 4－13、图 4－14 所示。

图 4－13

图 4－14

（2）3/4 侧面男性头部表现实例如图 4－15、图 4－16 所示。

图 4－15

图 4－16

（3）正侧面男性头部表现实例如图 4－17、图 4－18 所示。

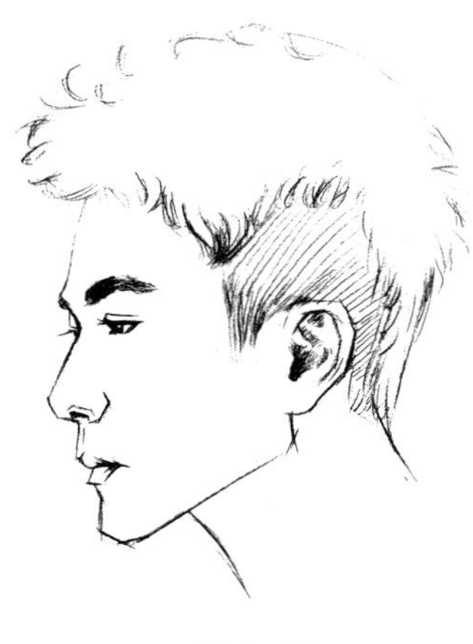

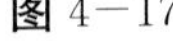

图 4－17

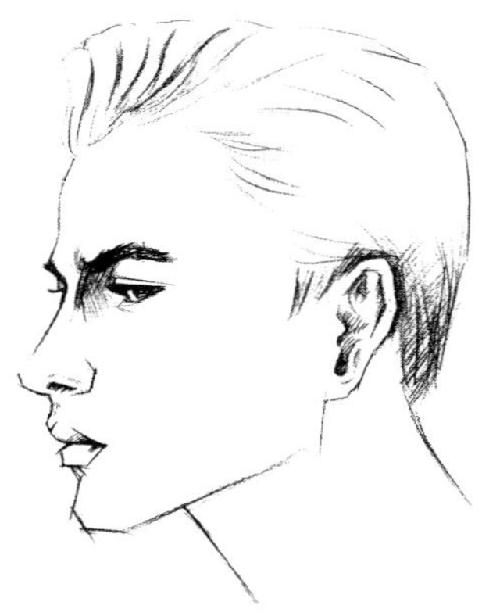

图 4－18

（三）男性头部表现注意事项

（1）男性面部轮廓多用直线来表现，较女性而言要画得更方一些。

（2）男性嘴巴不涂口红，因此男性的嘴唇只要表现体感即可，不需要将整个嘴巴的颜色都画深。

（3）男性头发多用概括的手法进行处理，背光处可以用排线的方式进行处理。

（4）时装画中，男性面部一般并不会过多表现光影和体积，但在时装插画中可以根据画面和风格的需要来处理和塑造面部体感。

本节课后实践内容：

1. 结合本节知识，认真观察不同角度男性头部。
2. 男性正面、3/4 侧面、正侧面头部表现临摹。
3. 男性正面、3/4 侧面、正侧面头部表现默写。

本节思考题：

1. 与女性相比，男性头部及五官有什么特点？
2. 时装画男性头部表现与女性头部表现有何异同？

第二节　9头身男性人体比例及正面表现

一、男人体的特征

男性的甲状软骨（喉结）比女性的大得多，颈肌比女性更发达，尤其是颈后和两侧的肌肉使男性的颈部显得更宽一些。男性的胸骨上端一般与第二胸椎一样高，因此男性脖子比女性更短更粗。

男性身体的肌肉明显比女性更加厚实，肌肉轮廓清晰。由于胸部及背部肌肉较为发达的原因，从侧面看男性胸廓厚度通常呈倒梯形。男性的肩部更宽更平直，脂肪较少。男性的骨盆较女性而言更高更狭窄，腰节比女性腰节更长，盆腔要比女性小得多。腰部两侧通常有较为明显的腹外斜肌。从正面看男性肩部和盆骨的连线呈倒梯形。

男性的前臂肌肉发达，握拳动作时粗细变化明显。尺骨突起明显，手腕部分更宽更粗大，手掌宽且更厚实，指关节粗大，手整体上看起来更方。由于男性脂肪较少，静脉在皮肤下的凸起更为清晰可辨。从表面看，男性的髋和大腿的肌肉通常更大，因为他们的肌肉一般较大较强壮，肌肉的棱线和体块更加清晰，骨点也更加明显。男性的髌骨、胫骨都较为宽大，因此膝关节显得更粗大，脚踝突出也较明显。男性的足部骨骼清晰，足背部静脉血管突起清晰可辨。

二、9头身男性人体基本比例

时装画中，男性同样一般画9头身，纵向比例与9头身女性人体非常接近，但横向比例与9头身女性人体差别较大。

（一）9头身男性人体纵向比例

9头身男性人体纵向比例如下：

（1）9头身，即身体长度共9个头长；
（2）肩线在第2个头长的1/2处；
（3）胸围线在第2个头长处；
（4）胸下围位于第3个头长的上1/3处；
（5）肘部位于第3个头长处；
（6）腰部最细处位于第3个头长略下处；
（7）臀部最宽处在第4个头长处；
（8）手腕略低于臀部最宽处；
（9）膝盖在第6个头长处；

（10）脚踝在第 9 个头长上 1/4 处；

（11）脚尖在第 9 个头长处。

（二）9 头身男性人体横向比例

9 头身男性人体横向比例如下：

（1）头宽为 2/3 个头长；

（2）肩宽为 2 个头长，或略大于 2 个头长（这与男性服装的风格有着较大的关系）；

（3）腰宽为 1 个头长，肩宽大于 2 个头长时适当加宽；

（4）臀宽略大于 1.5 个头长，当肩宽大于 2 个头长时适当加宽。

三、9 头身男性人体正面人体表现

（一）9 头身男性人体绘制的详细步骤

（1）在纸面中央画一条与纸边垂直的线，并把这条线平分为 9 等分。在每条横线的最左边标出分别是第几个头长，在每条横线的最右边标注出人体关键部位的名称。

第 2 个头长的 1/2 处是肩线；

第 2 个头长处是胸围线；

第 3 个头长的上 1/3 处是胸下围；

第 3 个头长处为肘部；

第 3 个头长略下处为腰节；

第 4 个头长处为臀围；

第 5 个头长处为指尖；

第 6 个头长处为膝盖；

第 9 个头长的上 1/4 处为脚踝；

第 9 个头长处为脚尖。

（2）在第一个头长位置画出头，定出肩宽、腰宽、臀宽，并连接肩峰到腰宽、臀宽。

头宽为 2/3 个头长；

肩宽为 2 个头长；

腰宽为 1 个头长；

臀宽略大于 1.5 个头长。

（3）画出颈部，男性的脖子比女性更粗；下巴到肩线的 1/2 处为肩斜线的起点；由于男性腿部肌肉发达、腿部骨骼粗壮、膝盖之间的间距非常小，因此只需用点确定踝关节宽度、脚掌宽度，连接以上各点，即可画出腿部及脚部辅助线。

（4）由于男性上臂肌肉发达，因此上臂的起点位置需定在肩宽之外，手腕在略低于臀部最宽处的位置，用点确定肘关节及腕关节的宽度，画出手臂辅助线；画出手的基本动态。

（5）在辅助线的基础上，根据肌肉的走向，画出胸大肌、肚脐、锁骨、喉结、髌骨等部位。

详细步骤如图 4－19 至图 4－22 所示。

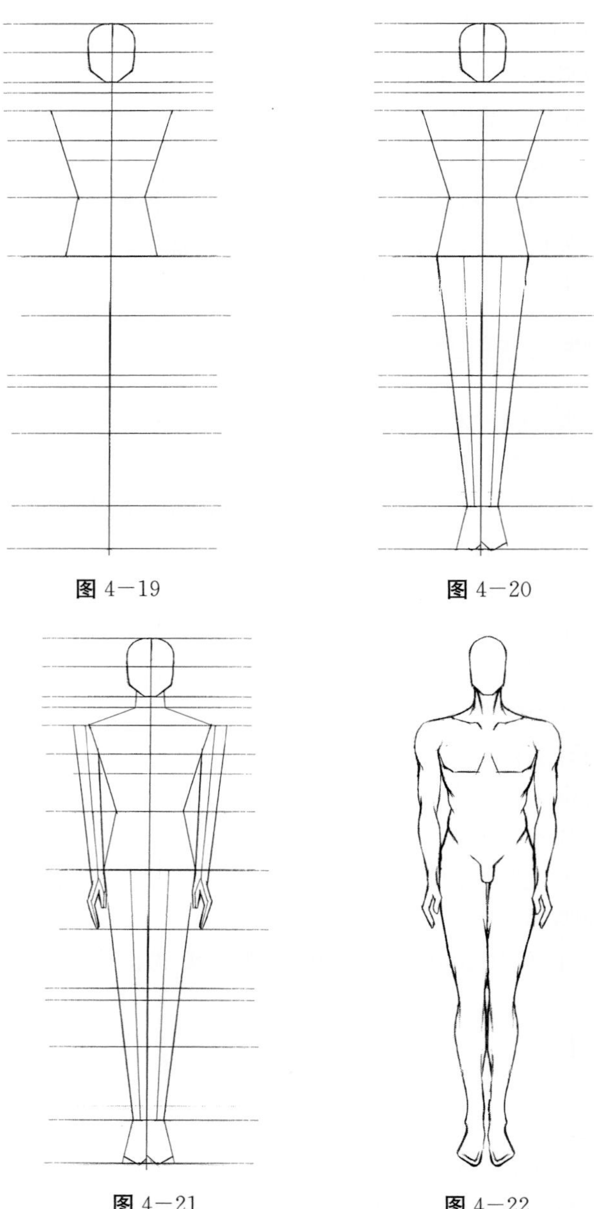

图 4－19　图 4－20

图 4－21　图 4－22

（二）9 头身男性人体绘制的要点

1. 牢记比例关系及各关键部位的位置

9 头身男性人体纵向与 9 头身女性人体接近，但横向比例与 9 头身女性人体差别较大。

2. 运用辅助工具

借助辅助工具直尺，可以大大减少 9 头身人体绘制的难度。直尺的运用将会帮助初学者快速掌握9头身男性人体绘制的方法和技巧，大大减少人体绘制的时间。

3. 概括大形，强调性别特征

9头身男性人体是以正常的人体骨骼肌肉为基础的，同样是用概括的手法来表现性别特征，因此在用线方面与9头身女性人体有所不同。除比例外，肌肉发达是男性区别于女性的另一特点，因此在表现9头身男性人体时需要适当表现肌肉的体快感。

本节课后实践内容：

1. 结合本节知识，认真观察不同角度男性人体。
2. 识记9头身男性人体的基本比例。
3. 识记9头身男性人体绘制的详细步骤。
4. 9头身男性人体绘制临摹。
5. 9头身男性人体绘制默写。
6. 男性人体正面7头身到9头身人体比例拉长练习。

本节思考题：

1. 与女性相比，男性人体有什么特点？
2. 时装画男性人体表现与女性人体表现是否有区别？

第三节　9头身男性人体正面动态表现

一、男性人体动态特点

在T台服装秀上，男性动态与女性有着较大的不同。男性动态更多的是展现男性刚毅、硬朗、稳重的特点，无论是站立还是行走，男性的动作幅度都不及女性夸张。在时装画中亦是如此。

二、9头身男性人体正面动态表现

（一）9头身男性人体正面动态的绘制步骤

（1）在纸面中央画一条与纸边垂直的重心线，并把这条线平分为9等分；标出头长与关键部位名称，画出头部。

（2）画出肩部到腰部的梯形，画出腰部到臀部的梯形。

（3）画出颈部，下巴到肩线的1/2处为肩斜线的起点；确定脚踝的位置，用单线画出腿的动态，即动态线。

（4）用点确定踝关节宽度、脚掌宽度，连接以上各点，画出腿部及脚部辅助线。

（5）画出手的动态线，用点确定肘关节及腕关节的宽度，画出手臂辅助线，画出手的基本动态。

（6）在辅助线的基础上，根据肌肉的走向完善人体，画出胸大肌、肚脐、锁骨、髌骨等处。

绘制步骤如图 4－23 至图 4－27 所示。

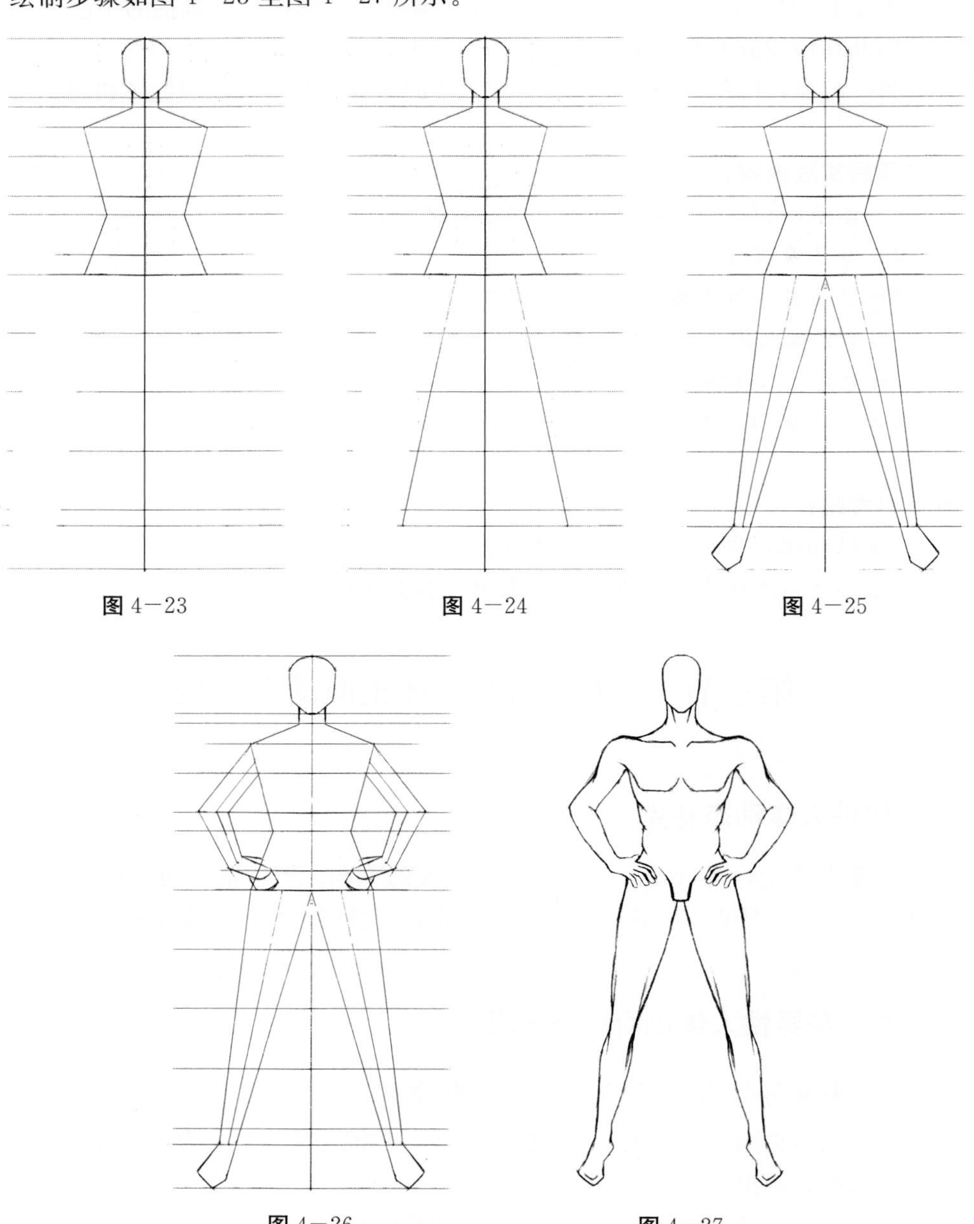

图 4－23　图 4－24　图 4－25

图 4－26　图 4－27

（二）9 头身男性人体正面动态表现的要点

1. 找准重心线

9 头身男性人体正面双脚叉开的动态的重心是在两腿之间，绘制时可将重心线画在纸的中线上，而如果重心落在某一条腿上，绘制时重心线则需要适当偏离纸面中线，以确保构图美观。

2. 找准肩线和臀线

9 头身男性人体正面双脚叉开的动态肩线和臀线依然是水平的，但行走或是单腿承重的动态肩部和臀部的梯形呈相反方向倾斜，同时裆部的中心点会偏离重心线。

3. 根据动态线来画四肢

根据动态特点和重心线来确定下肢的动态线可以确保人体平衡，上肢变化相对比较自由，但不及女性上肢动作那么丰富，一些常见的姿势要熟练。

9 头身男性人体正面动态表现实例如图 4－28、图 4－29 所示。

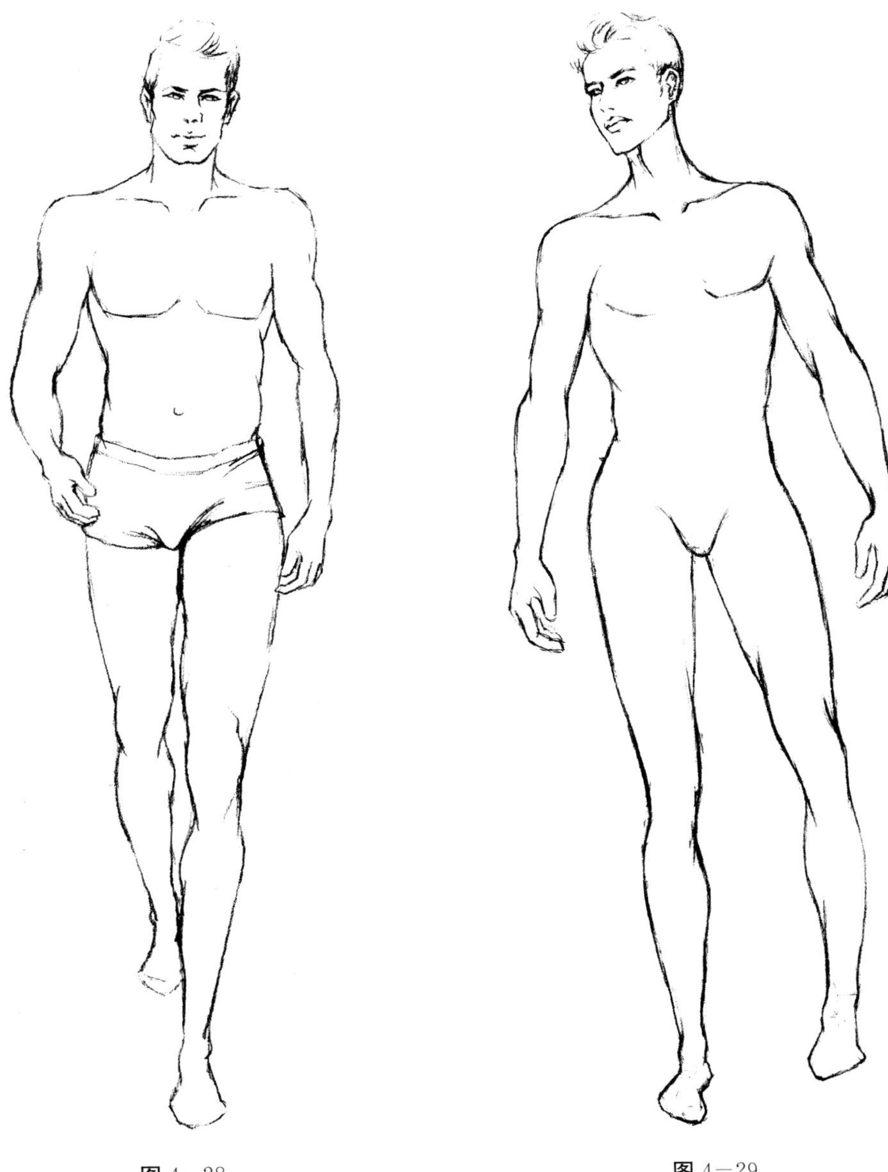

图 4－28　　图 4－29

本节课后实践内容：

1. 识记 9 头身男性人体正面动态绘制的详细步骤。
2. 识记 9 头身男性人体正面动态表现的要点。
3. 9 头身男性人体正面动态表现临摹。
4. 9 头身男性人体正面动态表现默写。
5. 男人体正面动态 7 头身至 9 头身人体比例拉长写生练习。

本节思考题：

1. 与女性相比，男性人体动态有何特点？
2. 时装画男性人体表现与速写、素描男性人体表现是否有区别？

第四节　9 头身男性人体侧面动态表现

一、9 头身男性人体侧面动态的绘制步骤和表现

（一）9 头身男性人体侧面动态的绘制步骤

（1）在纸面中央画一条与纸边垂直的线，并把这条线平分为 9 等分；标出头长与关键部位名称；并画出头部，注意头部和中心线的位置关系。

（2）画出肩部到腰部的梯形，画出腰部到臀部的梯形，注意两个梯形的透视变化。

（3）画出颈部，确定脚尖与膝盖的位置，用单线画出腿部动态线。

（4）用点确定踝关节宽度、脚掌宽度，连接以上各点，画出腿部及脚部辅助线。

（5）画出手的动态线，用点确定肘关节及腕关节的宽度，画出手臂辅助线，画出手的基本动态。

（6）在辅助线的基础上，根据肌肉的走向调整线条并表现肌肉的穿插，画出胸大肌、肚脐、锁骨、喉结、髌骨等部位。

绘制步骤如图 4—30 至图 4—34 所示。

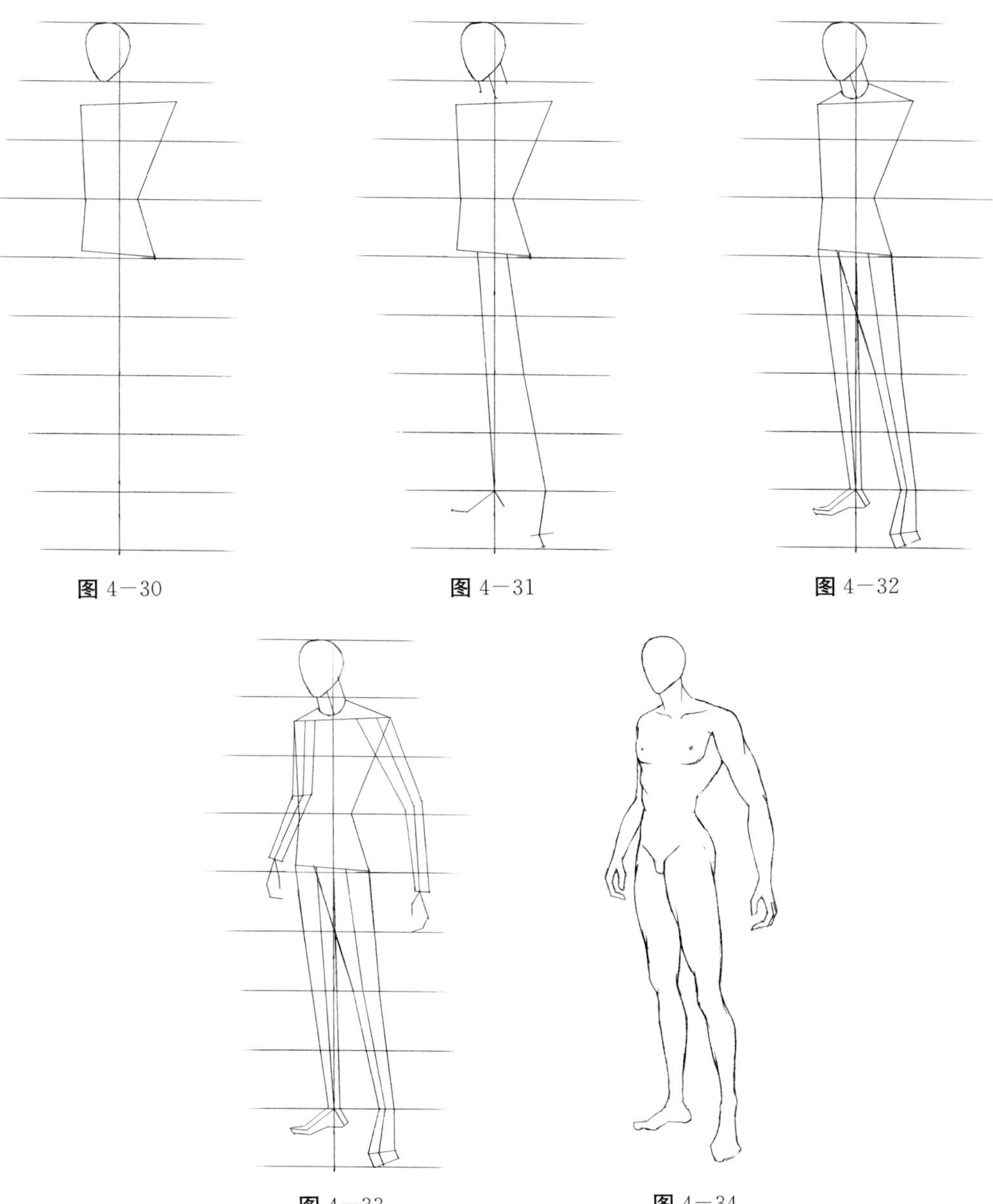

图 4—30　　图 4—31　　图 4—32

图 4—33　　图 4—34

（二）9 头身男性人体侧面表现的要点

1. 找准重心线与人体中线的关系

在找准人体中线的基础上确定四肢动态线，双脚叉开的动态重心线与人体中线重合，单腿承重的动态重心线与人体中线偏离。

2. 找准四肢的动态线

下肢动态线要以重心线为参考和依据，用单线画出基本动态后，要确定人体重心稳了再进行下一步绘制。

3. 注意透视变化

9头身男性人体动作幅度比女性小，因此肩部和臀部的梯形倾斜较小，但横向上躯干透视变化比较大。无论是躯干还是四肢，都存在前后的空间关系，因此要处理好大小与虚实等透视关系。

二、9头身男性人体动态实例

9头身男性人体动态实例如图4—35、图4—36所示。

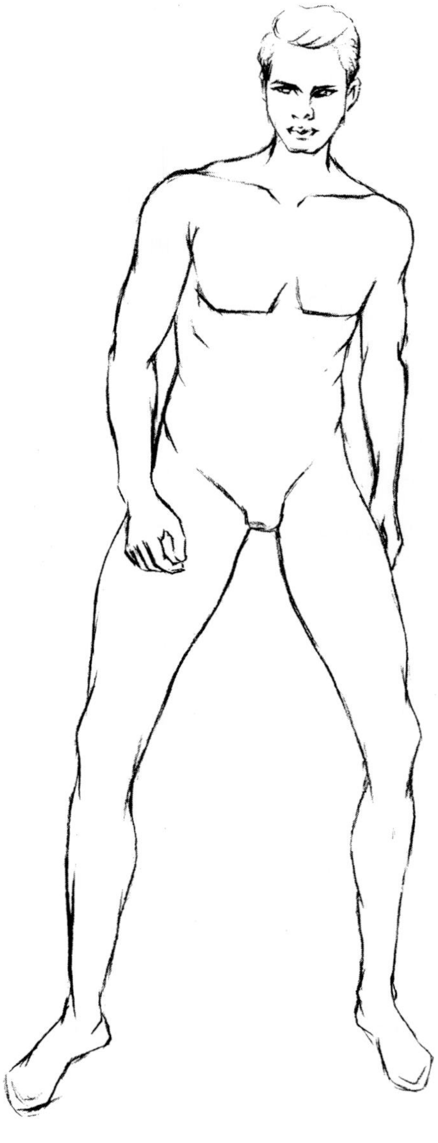

图4—35

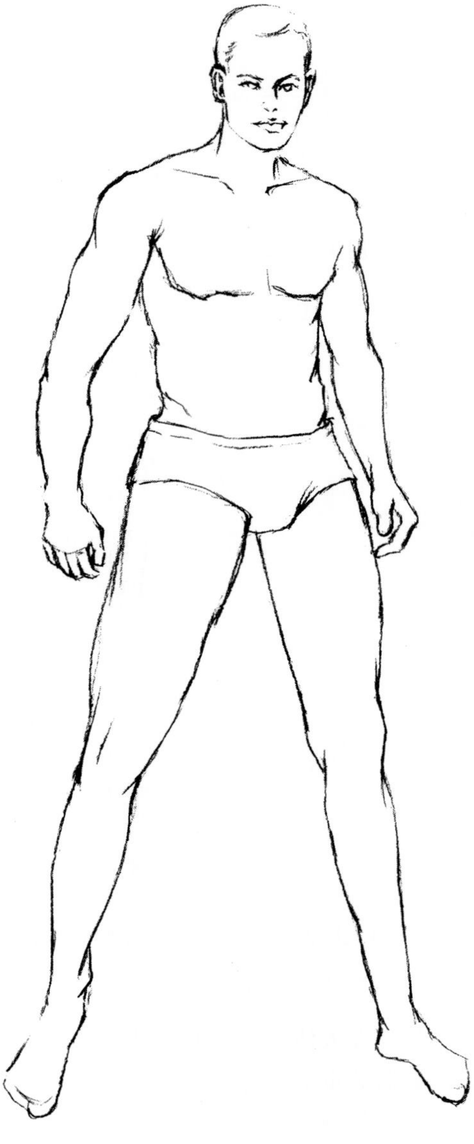

图4—36

本节课后实践内容：

1. 识记 9 头身男性人体侧面动态的绘制步骤。
2. 识记 9 头身男性人体侧面表现的要点。
3. 9 头身男性人体侧面表现临摹。
4. 9 头身男性人体侧面表现默写。
5. 男性人体侧面动态 7 头身到 9 头身人体比例拉长练习。

本节思考题：

时装画男性人体表现应注重什么？

第五节　男女体型与动态的区别

一、男女体型的区别

（一）廓形的区别

从正面看，男性肩部较宽，臀部较窄，腰节位置偏低，胸腔较大，躯干接近倒梯形；女性肩部和臀部大约等宽，腰节位置较高，盆腔较大，躯干接近 X 形（如图 4—37 所示）。

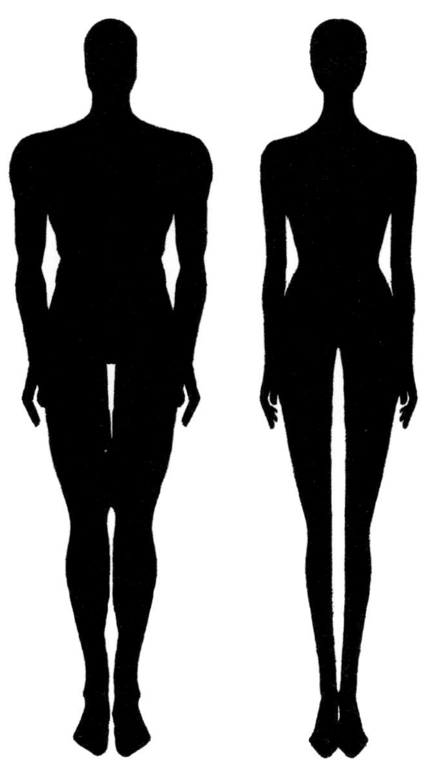

图 4—37

（二）骨骼肌肉的区别

男性全身骨骼肌肉结实饱满，肩部宽厚，颈部粗壮，腕部、手、膝盖及踝部结实而有力，刻画时可以适当强调体块。女性胸部隆起，脖子及四肢细长，肌肉不及男性发达，脂肪比男性更厚，尤其是臀部与胸部（如图 4－38 所示）。

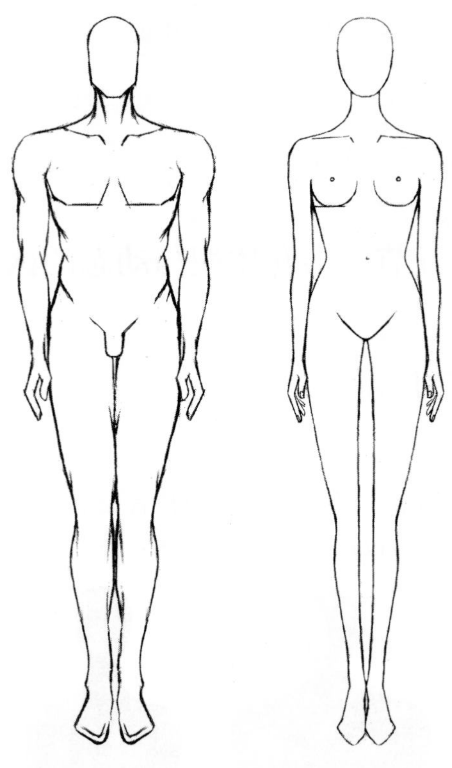

图 4－38

二、男女动态的区别

在 T 台秀中男女人体动态呈现出不同的特点，男性臀部扭动小，动态幅度不大，气质稳健；女性则肩部、臀部扭动幅度较大，动态丰富，有些动态重心变化较大，时装画中亦是如此，如图 4－39 所示。。

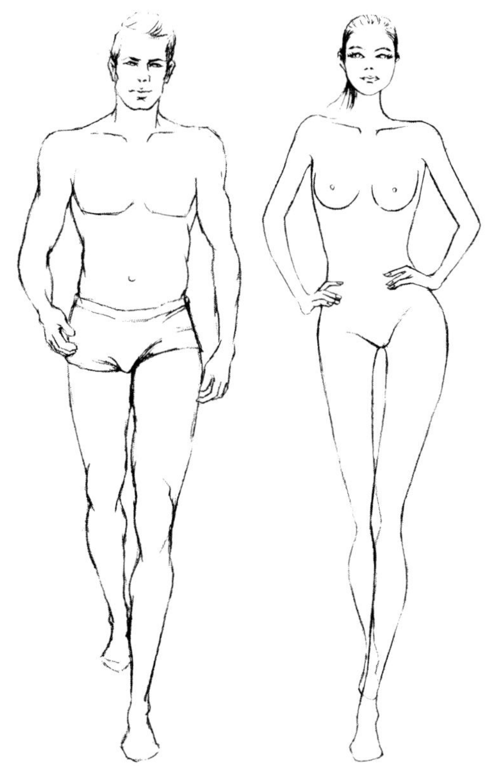

图 4—39

本节课后实践内容：

1. 对比男女人体的廓形。
2. 对比男女人体的骨骼肌肉。
3. 对比男女人体的动态。

本节思考题：

1. 时装画中男性人体、女性人体分别注重什么？
2. 时装画中男女人体各表现出怎样的气质特点？

第五章　童体表现

课题名称：童体表现

课题内容：儿童期头部表现、儿童期人体的表现、童年期头部与人体的表现、青少年期头部与人体表现、时装画人体比例变化关系

课题时间：理论1课时，课堂实践1课时，课外实践4课时

教学目的：了解人体的发育过程；识记儿童期及各阶段人体身体比例；理解儿童期头部、五官、体型及身材的特点；掌握时装画儿童五官、儿童头部的画法、人体体型变化规律，重点掌握1—2个儿童期人体动态

教学重点：儿童期头部表现、儿童期人体的表现、童年期头部与人体的表现

教学难点：儿童期头部表现、儿童期人体的表现

教学方式：教师课堂讲授、演示，学生课堂、课后练习、教师指导、课堂测验等多种方式

必备工具：A4纸、自动铅笔、橡皮、便携速写板、签字笔

第一节　儿童期头部表现

一、人体的生长与发育

医学上，人的生长发育过程从受精卵开始，经历胎儿、婴幼儿期、童年期、青少年期直至成年期。出生前为胎儿期，0～1岁为婴幼儿期，2～6岁为幼童期，7～10为童年期，11～14岁为少年期，15～18为青少年期，18岁之后为成年期。在不同时期，人的面部五官的位置及大小、人体比例有着较大的差异。时装画中，除去胎儿期，按身高变化规律把人的生长过程分为五个阶段，0～6岁为儿童期，7～12岁为童年期，13～18岁为青少年期，18岁以上为成年期，55岁以上为中老年期。在时装画表现中，从青少年期起将人体比例拉长，直至成年期拉伸至9头身比例。

三、儿童头部及五官特点

0～6为儿童期，从出生到6岁，人的头部由接近圆形慢慢变长。儿童头部整体呈圆形，与身体相比，年龄越小头越大。儿童的前额宽大且向前突出，年龄越小前额就越大。下巴短而饱满，年龄越小下巴越圆。眼睛在头长的1/2以下，年龄越小眼睛的位置就越靠下。脸部肉嘟嘟的，年龄越小脸颊越肥。儿童年龄越小五官越是向面部中心聚

拢，随着年龄的增长五官逐渐往外舒展开，俗话叫“慢慢长开了”。

儿童五官的特点如下：眉毛长度较短且颜色较淡，眼睛大而圆，瞳孔大，鼻子小，嘴巴小，耳朵大。

四、儿童五官的画法

儿童眉毛较细，因此表现时不会太过强调眉毛的生长方向。儿童的睫毛较长，但远不及成年女性戴上假睫毛后那么浓密纤长，因此儿童的睫毛一般根据角度和需要来表现。儿童的鼻子一般不会过多表现体感，嘴唇一般也不会将颜色画得太重。

五、儿童头部的画法

（一）儿童头部比例

儿童面部的中线为眉毛，眉毛以下四等分，分别是眼睛、鼻子、嘴巴。头宽略小于头长。1 岁以前的婴幼儿头发稀少，随着年龄的增长头发趋于浓密。两岁以前的儿童男女五官差异比较小，表现时一般通过发型和饰品加以区别。

（二）儿童头部表现的要点：

（1）头型圆，脸蛋胖，头顶圆，额头宽，发际线高。

（2）眉毛清淡，头发柔软。

（3）眼睛圆，瞳孔大而黑亮。

（4）鼻子整体偏小。

（5）嘴巴小，嘴唇薄，唇线不要画得太粗。

（6）耳朵较大，轮廓线条分明。

（7）脖子短而细。

四、儿童头部表现实例

儿童头部表现实例如图 5－1 至图 5－6 所示。

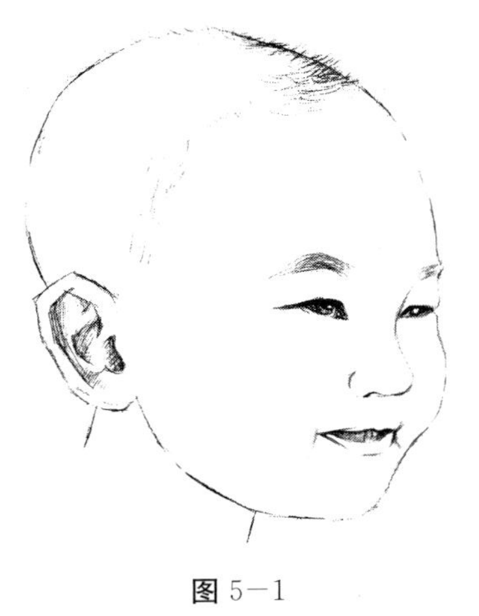

图 5－1

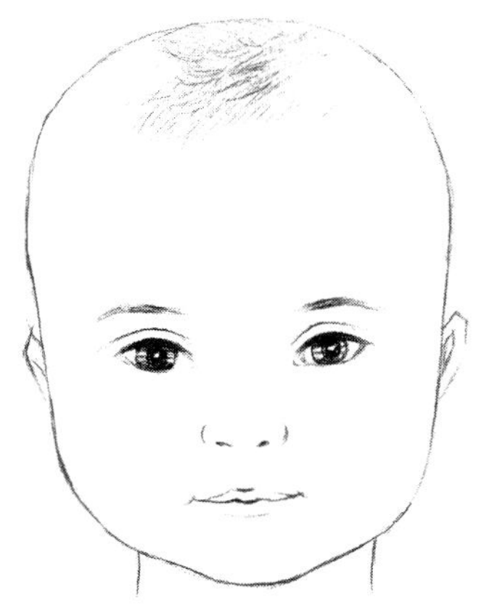

图 5－2

图 5—3

图 5—4

图 5—5

图 5—6

本节课后实践内容：

1. 结合本节知识，认真观察不同角度儿童期五官及头部。
2. 儿童期头部表现临摹。
3. 儿童期头部表现默写。

本节思考题：

1. 与成年人相比，儿童期头部及五官呈现出什么特点？
2. 时装画中的儿童期头部表现与成年人头部表现有何异同？

第二节　儿童期、童年期、青少年期人体表现

一、儿童期人体

（一）体型与身材的特点

婴儿出生时头长约为身长的 1/4，而到成人时头长仅为身长的 1/8，因此，头大、个头矮小是儿童期人体的最大特征。除此之外，儿童体型还有头大而圆，脖子细而短，肚子滚圆，往外突出，四肢短而肥，手脚小而胖等特征。

（二）儿童期身体比例

0～1 岁时，儿童身高大约为 4 个头长，2～6 岁身高大约为 5 个头长。肩宽略大于 1 个头长。肩宽、腰宽、臀宽非常接近，腰宽略大于臀宽。

二、童年期人体

（一）童年期头部特点

经过生长发育，从 0～6 岁儿童期到 7～12 童年期，人的头部由圆变椭，额头比例逐渐缩小，脸型由圆变长，鼻梁变得明细，嘴巴逐渐增大，眉毛变得浓密。童年期男女五官差异不大，主要通过发型、配饰来区分性别。

（二）童年期人体比例

童年期与儿童期相比，变化特征为：头部的变化小，身高逐渐增长，腰臀差逐渐明显，形态不像幼儿期那样滚圆，腹部也不那么突出了，脖子增长，手脚增大，四肢增长。总体特征表现为：头大偏圆，脖子细而短，腰部呈桶状，手脚较小。身高约 6 个头长，肩宽略大于 1 个头长，臀宽略小于肩宽，腰宽略小于臀宽。

三、青少年期人体

（一）青少年期头部特点

13～18 岁的青少年时期，面部三庭宽度趋于相等。头型变窄，头宽与头长的比例逐渐接近成年人。脸部肌肉变结实，“苹果肌”基本消失。眼睛逐渐变长，鼻梁明显，耳朵比例缩小，嘴巴增大，眉毛更加浓密。男、女青少年外观变化明显，性别差异已经完全显现，五官差异明显。但与成年人相比，男性青少年面部英俊、标致，眉头舒展，眼神充满活力，不表现胡须。女性青少年五官与成年女性差异不大，这个阶段的女性眼神单纯，由于不化妆，睫毛、眼线、嘴巴等处与成年女性有较大差别，发型也与成年女性有较大差别。

（二）青少年期人体比例

青少年期人体变化特征为：头部逐渐变得清瘦，身高逐渐增长，腰臀曲线逐渐显

现，脖子细长，手脚增大并出现骨感，四肢变得细长。男女性别特征逐渐明显，男性青少年开始长出胡须，肩部变宽，肌肉变得结实；女性青少年胸部开始发育，腰部变细，臀部变圆，身体逐渐显现曲线美。

青少年时期人体总的特征是瘦长。身高为7～8个头长，躯干纵向比例与成年人接近，腿部长度与成年人有一定差距。女性青少年肩宽小于1.5个头长，臀宽略小于肩宽，腰宽小于臀宽但略大于1个头长。男性青少年肩宽略大于1.5个头长，臀宽小于肩宽，腰宽小于臀宽但略大于1个头长。

四、儿童期、童年期、青少年期人体表现实例

除比例不一样之外，儿童人体绘制步骤与成年男女人体绘制步骤基本相同，4头身儿童人体表现实例详见图5－7、图5－8，5头身儿童人体表现实例详见图5－9，6头身、7头身表现实例详见图5－10。青少年思维日趋成熟，对事物已有独立的看法与判断标准，对自己的喜好也已经有了一定的控制能力，此阶段的人体动态与成年人基本一致。8头身表现实例详见图5－11。

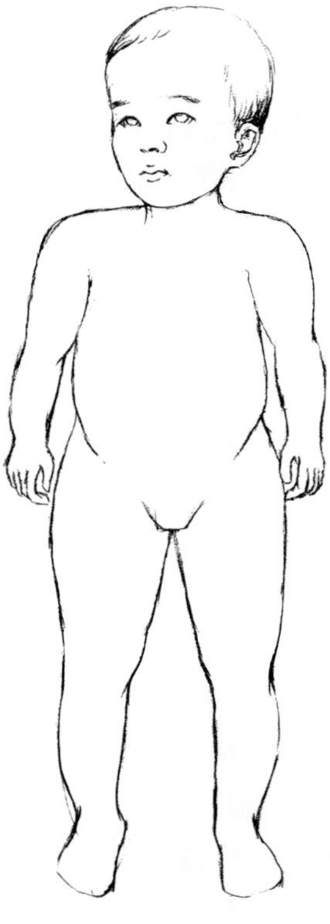

图5－7

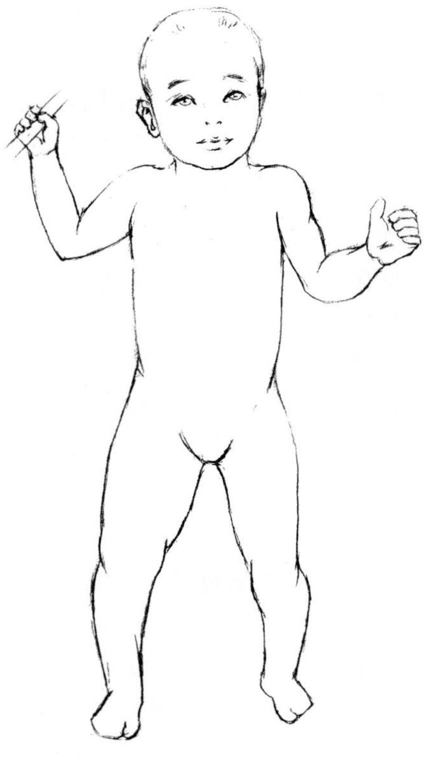

图5－8

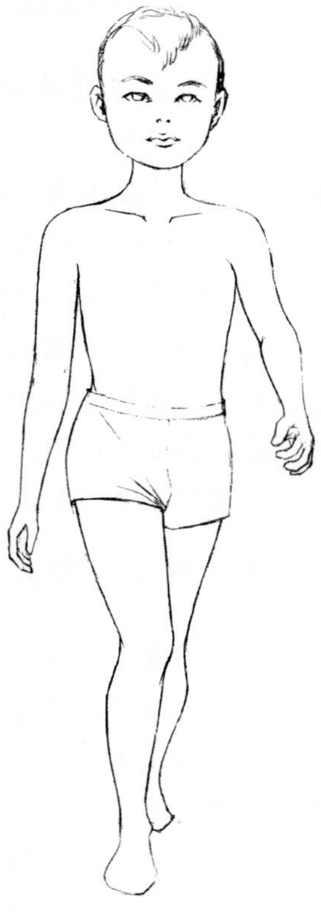

图5－9

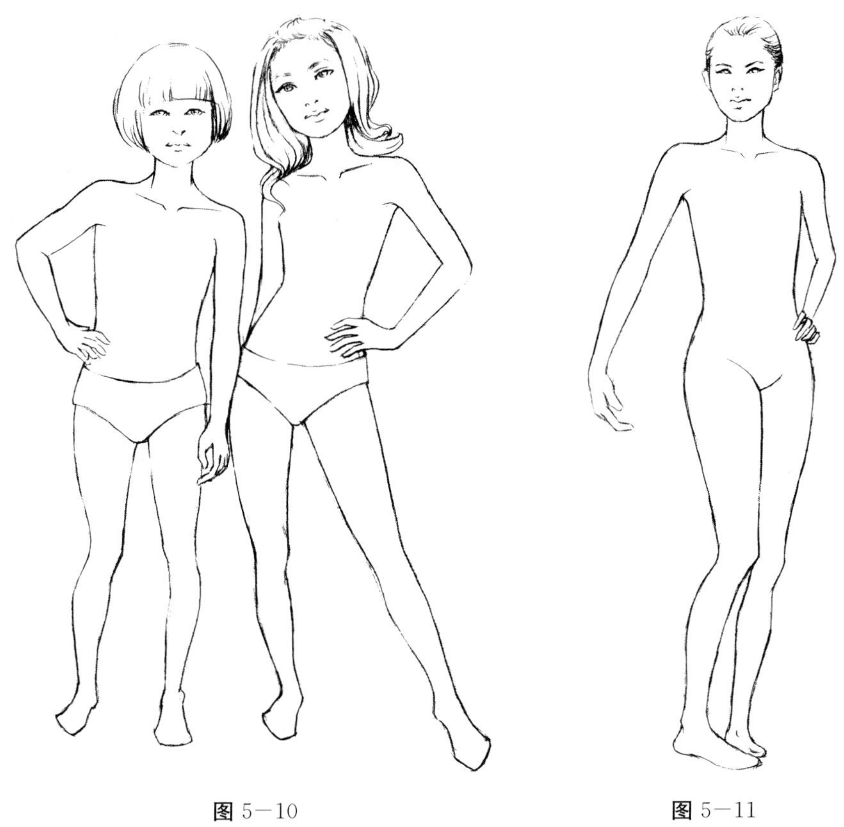

图 5—10　　　　图 5—11

本节课后实践内容：

1. 结合本节知识，认真观察不同角度儿童期人体。
2. 儿童期、童年期、青少年期人体表现临摹。
3. 儿童期、童年期、青少年期人体表现默写。
4. 儿童期、童年期、青少年期人体表现写生。

本节思考题：

1. 与成年人相比，儿童期、童年期、青少年期人体呈现出什么特点？
2. 时装画中儿童期、童年期、青少年期人体表现与成年人体表现有何异同？

第三节　时装画人体比例变化关系

一、人体体型变化规律

人从婴幼儿期到成年期，无论是面部五官、头部还是骨骼肌肉都发生了巨大的

变化。

刚出生时，婴儿的身体比例不协调。下肢很短，身长的中点位于肚脐以上。随着年龄的增长，下肢增长的速度加快，身长的中点逐渐下移。1 岁时身长中点移至肚脐，6 岁时移到下腹部，青春期身长的中点近于耻骨联合的上缘。

从出生到成人的发育过程中，人的头增长 1 倍，躯干增长 2 倍，上肢增长 3 倍，下肢增长 4 倍。年龄越大，相对于躯干而言，头就越小。

二、时装画人体比例的变化规律

时装画中按身高变化规律把人的生长阶段进行划分，每个时期身高体型都有着较大的变化。0～6 岁为儿童期，其中 0～1 岁身高 4 个头长，2～6 岁身高 5 个头长。7～12 岁为童年期，身高 6 个头长。13～18 岁为青少年期，从青少年期起将人体比例拉长，其中 13～15 岁为 7 个头长，16～18 岁为 8 个头长。18 岁以上为成年期，身高为 9 个头长。55 岁以上为中老年期，身高因驼背、脂肪堆积等原因而变矮变胖，但依然以夸张美化的手法对中老人人体进行处理，身高约 8 个头长。时装画人体变化规律详见图 5－12 至图 5－14。

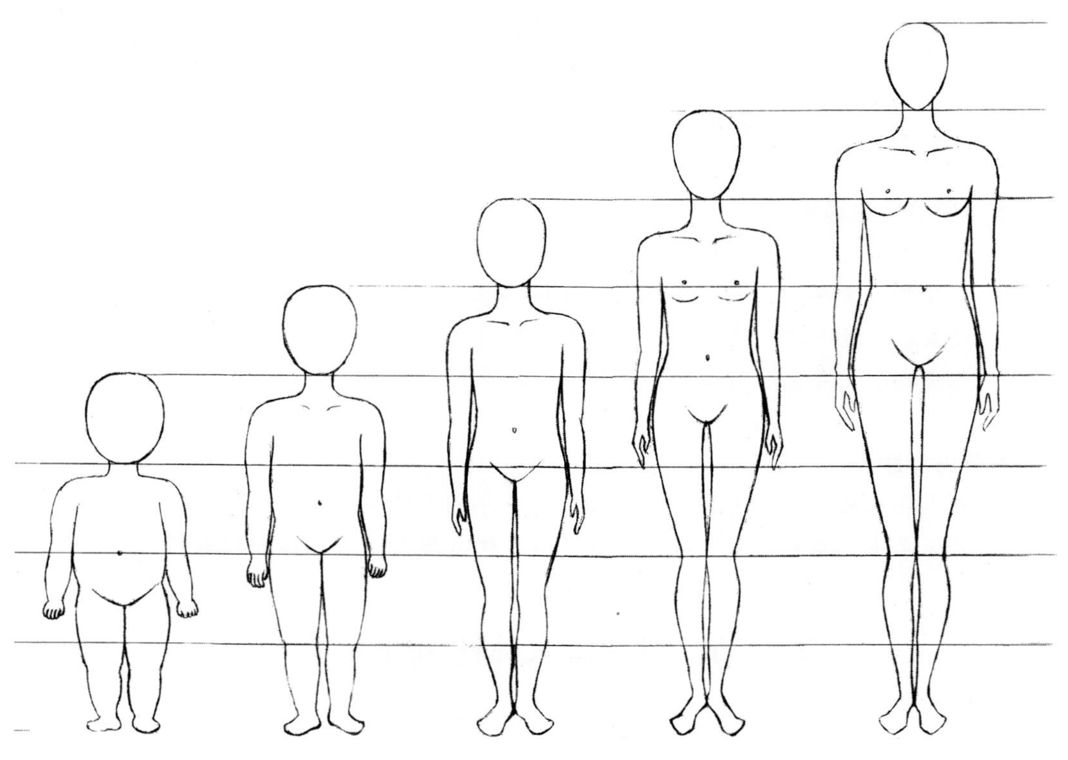

图 5－12

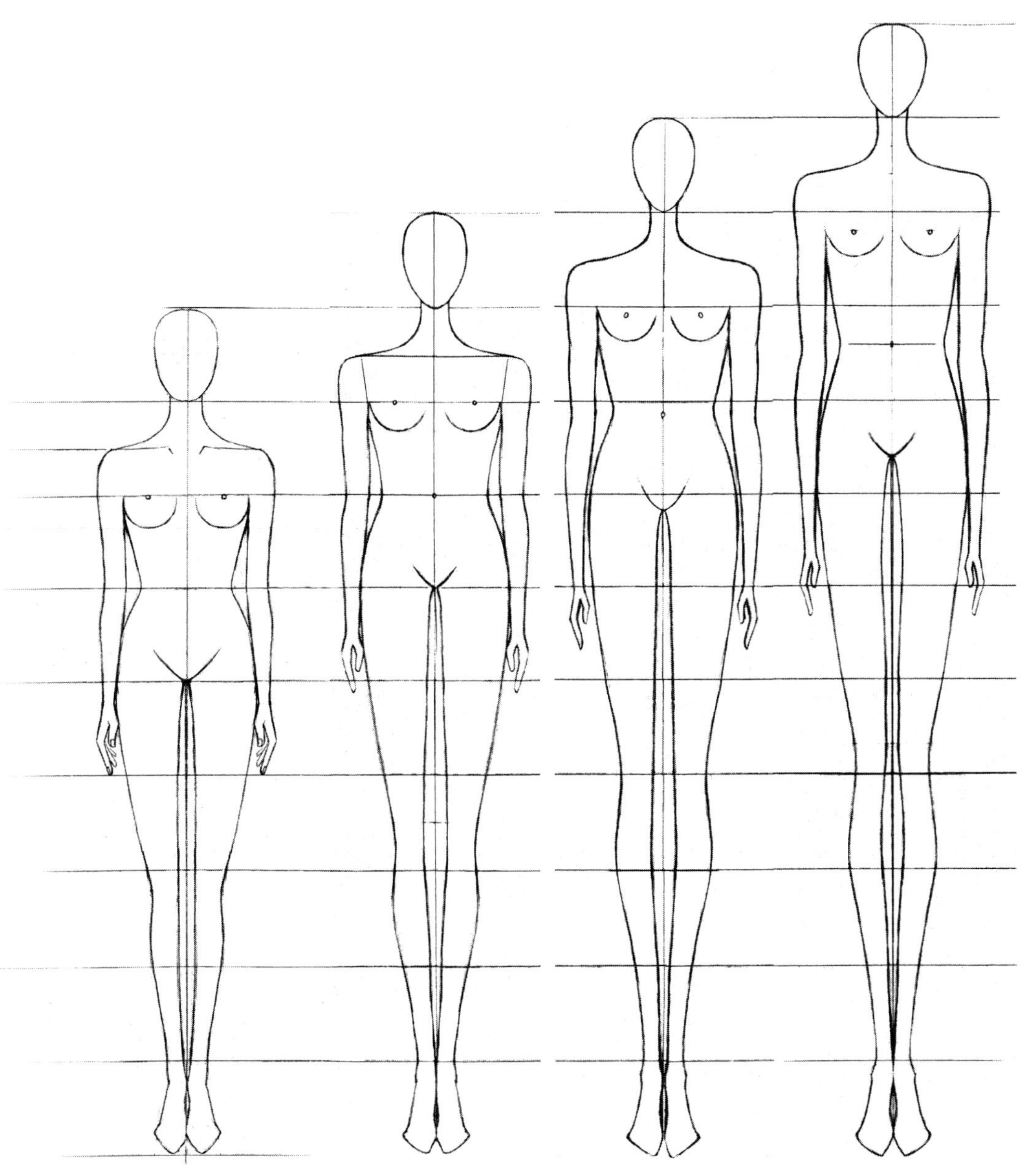

图 5—13

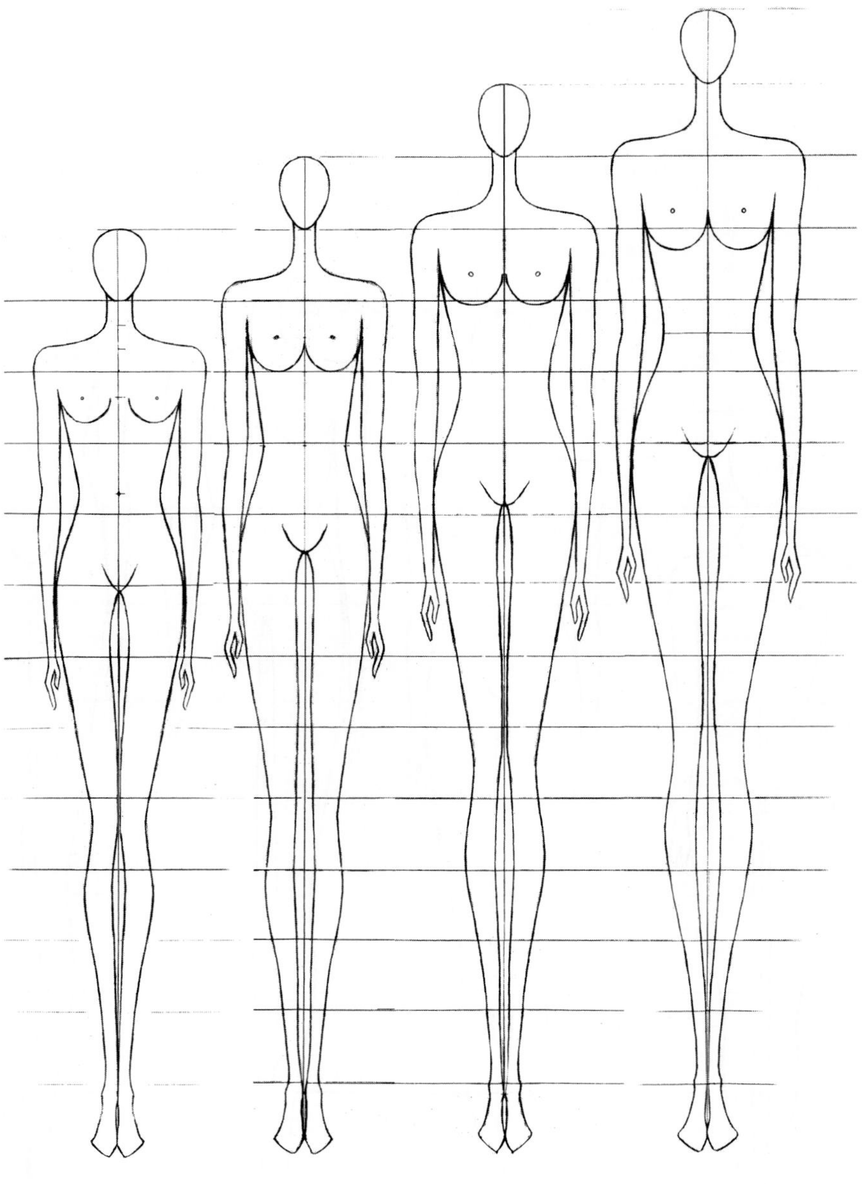

图 5－14

本节课后实践内容：

1. 结合本节知识，将各个阶段人体进行对比。
2. 对比时装画各个时期人体，总结每个阶段人体的特点。

本节思考题：

1. 不同年龄阶段的人的肢体动态是否存在差异？分别是什么？
2. 不同年龄阶段的人分别呈现怎样的气质特点？

第六章　人体与着装

课题名称：人体与着装

课题内容：人体与服装的空间关系、褶皱的产生、褶皱的表现、着装局部与细节表现、视平线与服装形态表达

课题时间：理论3课时，课堂实践3课时，课后实践8课时

教学目的：识记褶的产生方式和分类，理解服装空间的产生、服装空间对服装整体及局部造型的影响、褶皱的结构、时装画中视平线与服装形态的关系、视平线与服装的横向形态，掌握着装局部及细节的表现

教学重点：褶皱的表现、着装局部与细节表现

教学难点：褶皱的表现

教学方式：教师课堂讲授、提问、演示，学生课堂、课后实践，教师指导，课堂测验，学生分组讨论等多种方式

必备工具：A4纸、自动铅笔、橡皮、便携速写板、签字笔

第一节　人体与服装的空间关系

一、服装与人体的关系

面料通过裁剪和缝纫成为服装。由于服装需要包裹人体，因此，原则上服装的内部空间要大于人体，否则人无法将衣服穿上。目前的服装通过以下两种方式让服装能够很好地包裹人体：无弹力面料通过裁剪形成比人体更大的内部空间，从而包裹人体；弹力面料通过弹性空间来满足人体穿脱衣服及运动时所需要的空间余量，从而达到包裹人体的状态。因此，弹力面料在被拉伸前的空间可以比人体空间小。尽管有些弹力面料可以非常服帖地包裹人体，但只要人体被服装包裹，面料有厚度，服装与人体之间就存在空间关系。这种关系表现出来就是：第一，从三维空间上而言，服装包裹了人体，人体在内部，服装在外部。第二，面料与人体之间存在空间，这个空间的大小与服装的面料及款式有关。

二、服装空间与服装的造型

（一）服装空间与服装整体造型

服装与人体之间会由于不同的款式而产生不同大小的空间，根据性质不同可以分为两类。

一类是为了保证人体运动而预留出的空间，或者说为了让人体在服装中感到舒适而必须保证的空间，即我们常说的服装的松量。无弹力面料服装的松量给予人体一定的活动空间，松量越小，服装对人体活动的限制就越大。而弹力面料通过弹性空间来解决人体运动所需的空间，满足人体运动时的舒适感。

另一类是为了使服装呈现出特定的外观造型而人为地制造出的空间，这种空间最典型的样式是洛可可时期的裙撑和巴伦夏加设计的口袋裙。

根据服装与人体之间的空间大小，可以将服装分为紧身、贴体、宽松三大类。紧身类服装多以弹力面料服装居多。从服装内部空间而言，贴体类服装是指非弹力面料仅保留了满足人体活动所需空间的服装款式。宽松类服装是指在贴体服装的基础上再给予服装更多的松量，从而使服装产生更多的内部空间的服装。根据宽松程度又可分为较宽松服装和极宽松服装。

（二）服装空间与服装局部造型

上装因包裹人体的部位较多，因而构成部件较为复杂。包裹的部位包括脖子、手臂、躯干、腿部，而对应的服装部位则是领子、袖子、衣身、下装。

1. 脖子与领子

领子对脖子的包裹分为不包裹、半包裹、全包裹三种，反映在领型上就是无领、半立领、立领三大类，表现时需要注意服装与人体三维空间上的关系。一些立领根据穿着方式的不同呈现出不同的状态，当服装内外多层穿搭的时候里外领型往往不同，需要特别注意领面边缘线形状、领子与脖子的空间距离等细节。

2. 手臂与袖子

袖子对手部的包裹分为不包裹、半包裹、全包裹三种，反映在袖型上就是无袖、半袖、长袖三大类别。根据袖子设计的不同，各类袖子除了开口存在非常大的差异外，细节设计也千差万别，这是表现时需要特别注意的地方。另外，当服装内外多层穿搭的时候，袖子外短内长也是非常多见的。

3. 躯干与衣身

从服装空间的角度而言，衣身对躯干的包裹有紧身、贴体、宽松三大类。从衣身对身体的包裹长度分为部分包裹、全包裹两种，反映在款式上就是短款上衣、长款上衣。短款与长款上衣根据衣身的长度还可以划分出很多款式，这里不过多讨论。衣身的表现通常会伴随着褶皱的表现。

4. 腿部与下装

我们把腰以下的部分称为下半身，下半身包含从腰节到大腿根部的躯干部分以及腿部。从服装对下半身的包裹方式而言，可以分为分开包裹、合并包裹两种，反映在款式上就是裤子和裙子两大类。根据裤子、裙子对腿部的包裹可以分为半包裹、全包裹两类，而款式则是短裤、长裤与短裙、长裙。长裤和短裤因内部空间的大小不同又可以分为许多不同的裤型，裙子亦是如此，这是表现时需要特别注意的地方。

本节课后实践内容：

1. 观察身边人的服装形态，试分析服装各部分的空间大小。
2. 收集秀场不同风格的服装，尝试分析其各部分的空间大小。

本节思考题：

1. 服装的风格与服装的内部空间是否有关联？
2. 服装面料对服装的内部空间的设计是否会有影响？

第二节　褶皱的产生

在表现服装款式特征时，褶皱是必不可少的表现手段。服装与人体的关系、动态对服装产生的影响、服装款式特点和工艺特征以及面料的挺括或垂坠等特性，都可以通过褶皱生动地展现出来。褶皱产生的原因主要分为两大类：一类是因服装款式设计的需要通过工艺手段来实现，如荷叶边、泡泡袖、百褶等；另一类则是由人体的运动而产生的，如肢体的拉伸、挤压、扭转等。

一、服装工艺手段

褶皱是服装造型中常用的塑形手段，通过减少或增加松量来改变服装的结构，使服装形成多变的外观形态或细节。根据形成的方式不同，褶皱可以分为自然褶和人工褶。

（一）自然褶

自然褶又叫垂褶，是利用布料的悬垂性以及经纬线的斜度自然形成的未经人工处理的褶。简单来说就是由于面料两边是长度不一致的弧线，通过将长边局限在较短的长度上，长边因面料重量自然下垂，使衣片形成较大的、自然起伏的褶，如图6－1至图6－3所示。自然褶主要由较大的摆在地心引力的作用下下垂形成，具有生动活泼、洒脱浪漫的韵味。女装中经常运用自然褶，如裙摆、胸部、领部、腰部、袖口等处。

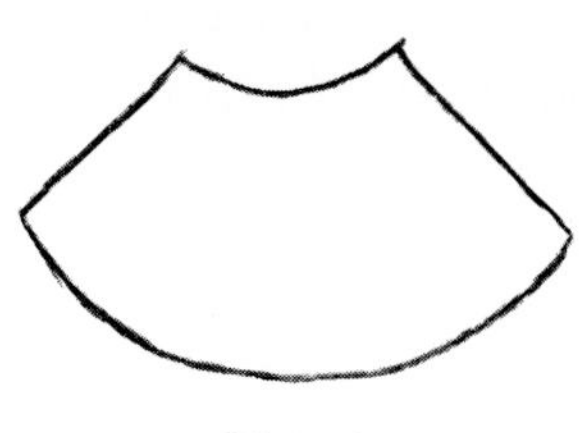

图 6—1　　图 6—2　　图 6—3

（二）人工褶

人工褶可以分为褶裥、抽褶、缠裹褶等类型。

1. 褶裥

褶裥是最有代表性的一种人工褶，是把面料折叠成多个有规律、有方向的褶，然后通过熨烫定型处理而形成的。根据折叠方向不同可以分为顺褶、工字褶等，如图 6—4、图 6—5 所示。

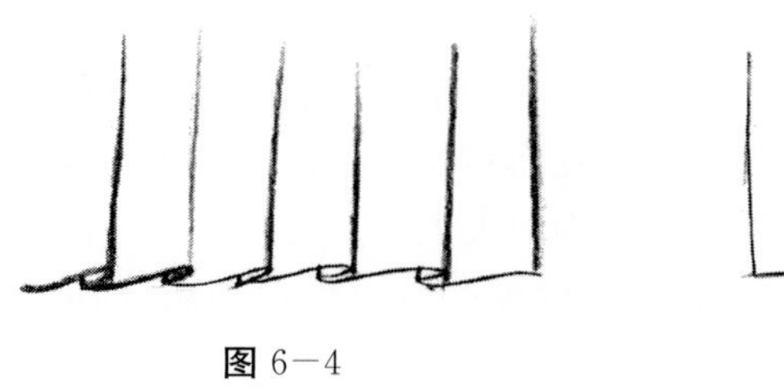

图 6—4

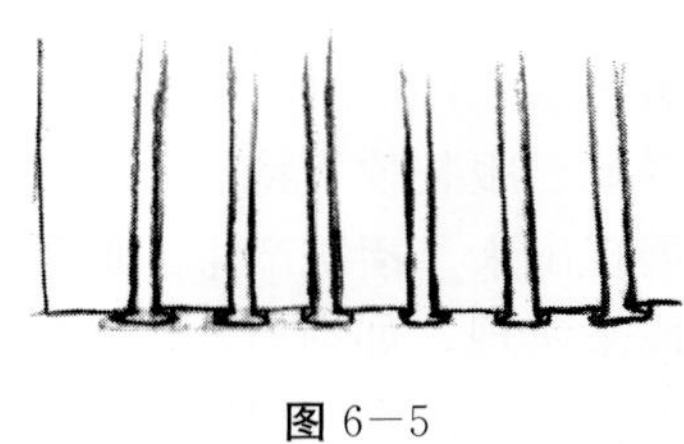

图 6—5

2. 抽褶

抽褶是一种通过一条线抽紧面料而形成细碎、自然、不规则的褶皱。缩缝工艺、松紧带、绳带等均可产生不同形式的抽褶。根据形式不同可以分为单边抽褶、双边抽褶、中间抽褶三种，如图 6—6 至图 6—8 所示。通过面料长度、宽度的变化可以形成喇叭状、灯笼状等形态。

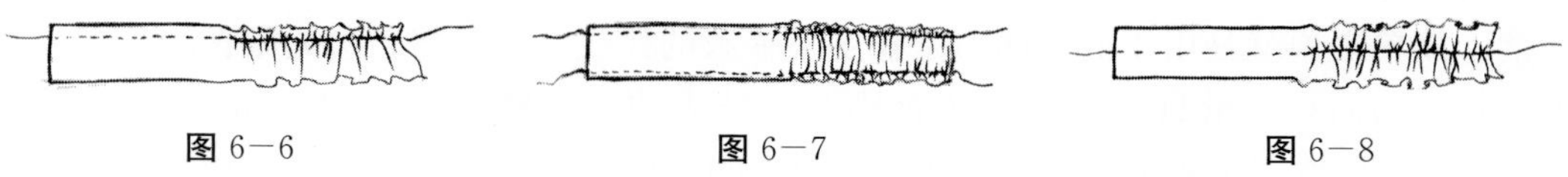

图 6—6　　图 6—7　　图 6—8

3. 折叠褶

折叠褶是一种通过将面料折叠而形成自然而有一定规则的褶皱。折叠褶和褶裥最大的区别在于褶裥会将褶皱熨烫定型，而折叠褶不熨烫，因此折叠褶比褶裥更加自然。折叠褶因折叠的方式不同分为顺褶和对褶两种。折叠褶因将面料按一定规律折叠而显现出一定的规律性。通过折叠，方形面料和扇形面料可以形成不同的外观造型。折叠褶在服装中的运用也非常常见。

4. 堆砌褶

堆砌褶是一种体感较强的人工褶，利用面料形成褶皱堆砌在服装上。堆砌褶的形式与种类较多，为达到较好的视觉效果，设计者通常运用立体裁剪的方式使面料形成褶皱，从而堆砌于服装之上。服装中运用堆砌褶往往容易营造视觉中心，或是形成独特的整体造型。有时，将褶皱堆砌可以使面料形成视觉效果强烈的体感，这种具有体感的堆砌褶可以运用于服装的整体或部件细节。

5. 缠裹褶

缠裹褶是一种礼服中常见的褶皱造型，利用面料形成大量的褶皱缠绕于人体上，如图 6—9 所示。缠裹褶是一种视觉效果强烈的褶皱，褶皱的走向根据设计者的需求而定，因此可用立体裁剪的方式进行造型。缠裹褶对服装面料表面效果影响很大，可以在面料上形成很好的肌理效果，在很大程度上可以说是对服装材料的再创造。

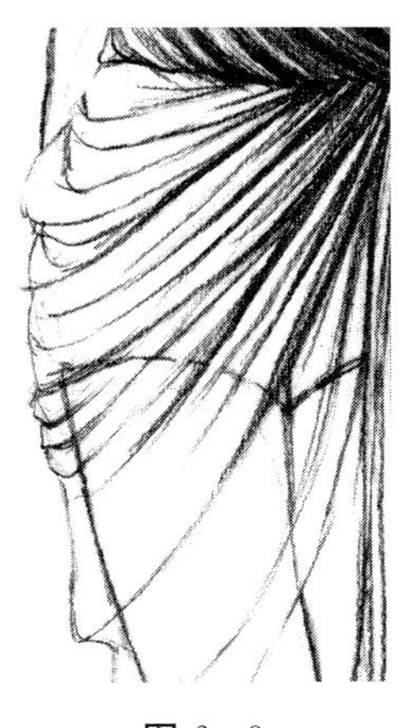

图 6—9

二、人体运动

（一）不同动作产生褶皱

服装在和人体接触的时候，会因面料自身的重量与地心引力的作用而自然下垂。然而人经常是处于运动中的，当人体运动时，穿在人身上的服装也随人体一起运动。此时服装面料无法像人类皮肤肌肉及关节那样收缩变化自如，即便是弹性面料也有弹力拉伸范围的限制。当人体穿着服装后，服装的面料在跟随人体运动时局部产生悬垂、拉伸、挤压等形态。我们把这些不同类型的褶皱叫作悬垂纹、拉伸纹、挤压纹。

1. 悬垂纹

当人体穿上一些宽松的服装款式时，服装因无法跟随人体肩胛骨、前胸等处起伏变化，在面料自身的重量与地心引力的作用下所形成的自然下垂的褶皱。

2. 拉伸纹

拉伸纹是指人在运动时，服装的一些部位因为人的动作而被拉伸从而产生的褶皱。

比如，人在上举手臂时，袖子内侧的衣料因该动作而被拉伸产生褶皱；人在迈腿时，大腿内侧的衣料因该动作而被拉伸产生褶皱。

3. 挤压纹

挤压纹是指人在运动时，服装的一些部位因为人的动作而被挤压堆砌在一起而产生的褶皱，如图6-10、图6-11所示。比如长袖服装在手叉腰的动作中，肘部内侧因手臂弯曲产生的大量褶皱就是挤压纹。一些宽松款式在手叉腰的动作中，腰部附近的衣料会被手挤压而产生挤压纹。一些长款服装在人弯腰时，腹部面料被挤压而产生挤压纹。

图6-10

图6-11

（二）运动与褶皱的走向

人体运动是有一定规律的，服装上因人体运动而产生的褶皱遵循有一定规律的。比如，悬垂纹一般多见于宽松的服装中，产生的部位会因款式的不同略有区别，多见于肩部、前胸、肩胛骨等处。挤压纹和拉升纹通常相伴而生，有衣料被挤压时就有衣料被拉伸，而且产生部位在相反的部位。比如，长袖服装在手叉腰的动作中，肘部内侧会产生挤压纹，而肘关节外侧的衣料则因被拉伸产生拉伸纹。值得提出的是，一些弹性面料在人体运动时，尤其是一些紧身款式，若动作幅度在其弹性范围内衣料则不产生褶皱，只有人体动作幅度超过其弹性范围才会产生褶皱。而人体动作通常是弯曲幅度大于拉伸幅度，故一些紧身弹力面料服装款式会表现出挤压纹，而不表现出拉伸纹。

总的来说，运动褶在服装上并不是单独存在的，这与服装的款式、人体的动态及面料的特点都有较大的关联。

本节课后实践内容：

1. 识记褶皱的产生方式。
2. 识记褶皱的分类。
3. 收集服装秀场上褶皱设计的图片，并尝试对其进行分类。

本节思考题：

1. 各种工艺褶皱一般都多见于什么款式中？
2. 时装画中的运动褶在表现时是否会有虚实变化？

第三节　褶皱的表现

一、褶皱表现的方法

（一）概括与取舍

褶皱在表现时需要根据产生的原因对其进行概括与取舍。人工褶是表现服装特点的重要组成部分。表现人工褶需要根据褶皱的类型，找清楚褶皱从哪里产生，到哪里结束，概括其大型并恰当地取舍。时装插画中运动褶主要见于动态着装表现中，一般会对运动褶进行弱化处理（除非褶皱对服装的外观产生了较大的影响），选主要的几条表现，其他的大胆舍弃，以突出服装外观的整体性。

（二）虚实变化

一条褶皱从产生到消失是有虚实变化的，运动褶如此，人工褶也一样。因此，用于表现褶皱的线条要有虚实的变化。有些褶皱是由实到虚，有些是由虚到实，而有些是由虚到实又逐渐变虚。此外，虚实变化也是展现褶皱在空间上的前后关系的重要方法和手段。这些变化需要在生活中大量的观察积累并动手表现。

二、褶皱的分类表现

（一）自然褶皱

自然褶皱的一般呈现接近扇形的形态，由服装的某一结构处向下或向外延展开。表现时需要注意褶皱边缘衣料的起伏及结构变化，同时也需要对褶皱进行取舍。

表现步骤如图 6－12 至图 6－14 所示。

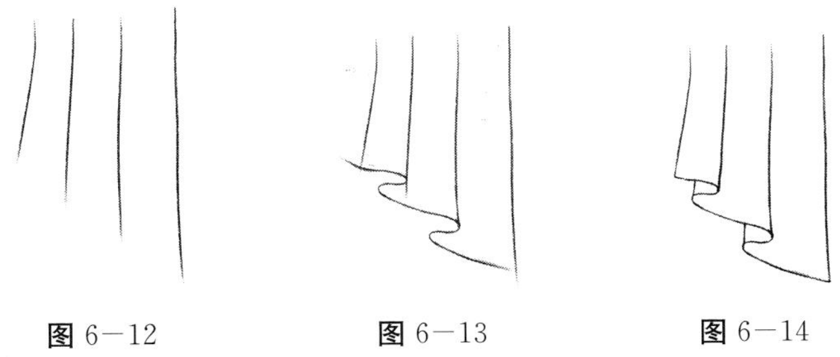

图 6－12　　**图** 6－13　　**图** 6－14

（二）人工褶

1．褶裥

褶裥的形态要比自然褶丰富，会因面料和设计的不同产生丰富的款式，表现时要特别注意一些款式的褶皱会随人体的运动而产生不同的流向，这是表现款式特点与人体动态特点的重要部分。褶裥中，尤其百褶裙的表现要对褶皱进行概括，同时要注意线条的

虚实变化。图 6－15 至图 6－17 为工字褶俯视表现步骤，图图 6－18 为工字褶仰视表现效果。图 6－19 至图 6－21 为顺褶俯视表现的步骤，图 6－22 为顺褶仰视表现效果。图 6－23 为顺褶仰视不同折叠方向的表现效果。值得注意的是，即便是熨烫过的褶皱，其形态也和材质密切相关。

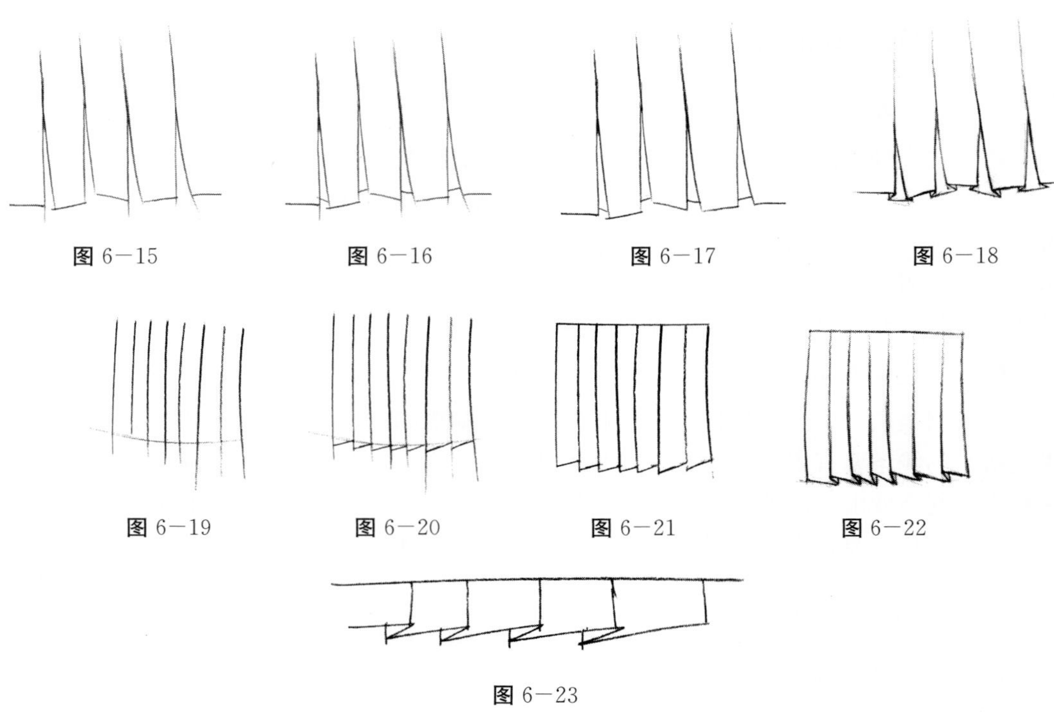

图 6－15　图 6－16　图 6－17　图 6－18

图 6－19　图 6－20　图 6－21　图 6－22

图 6－23

2. 抽褶

充分认识抽褶产生的原因及结构特点对抽褶的表现十分有帮助。抽褶鲜明地表现出褶皱向一条线聚拢，或者说是由一条线往外发散。特别要注意的是，抽褶的褶皱形态是细碎而密集的。表现中间抽褶与单边抽褶要注意衣料边缘的形态，单边抽褶表现步骤如图 6－24 至图 6－28 所示，双边抽褶表现步骤如图 6－29 至图 6－33 所示，中间抽褶表现步骤如图 6－34 至图 6－38 所示。

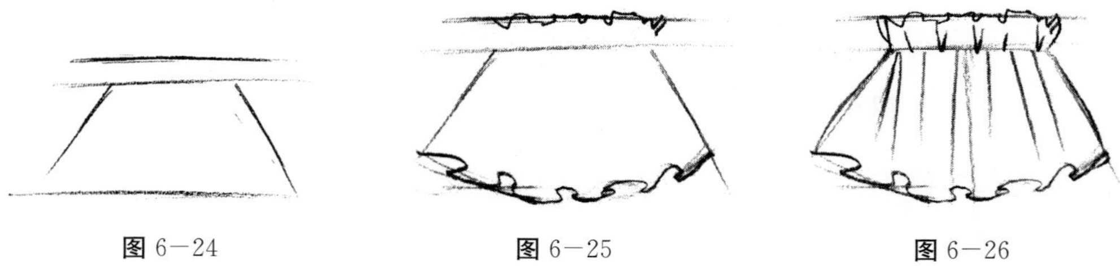

图 6－24　图 6－25　图 6－26

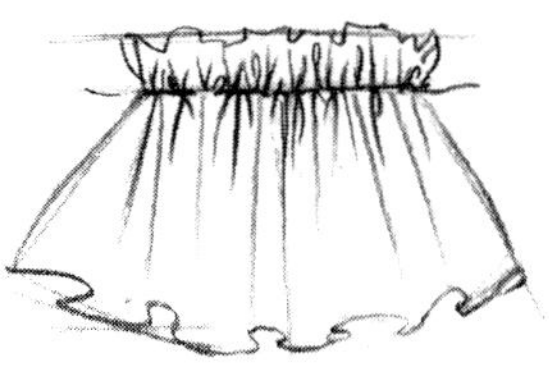

图 6—27

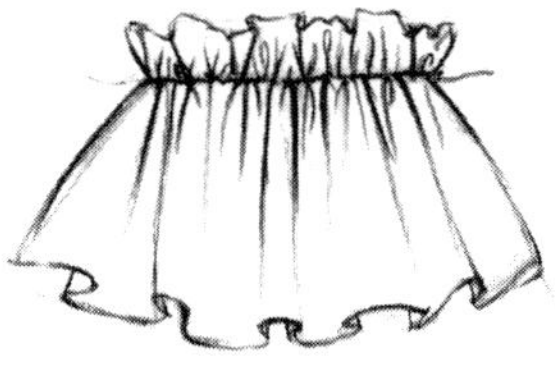

图 6—28

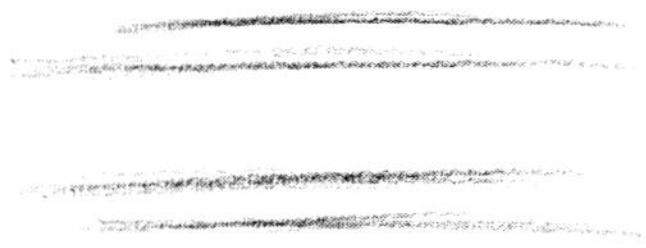

图 6—29

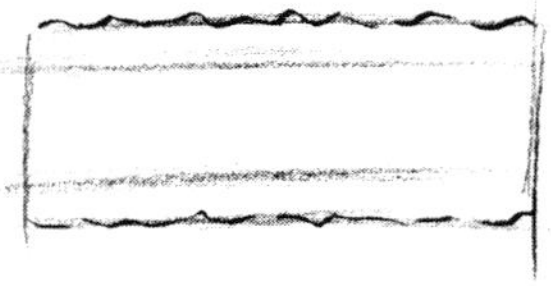

图 6—30

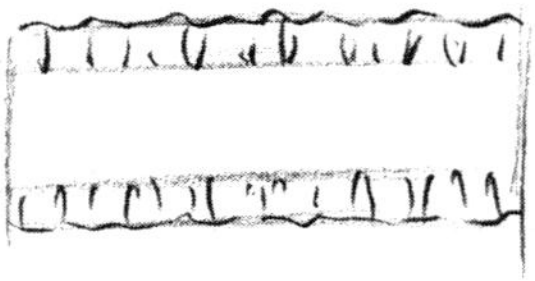

图 6—31

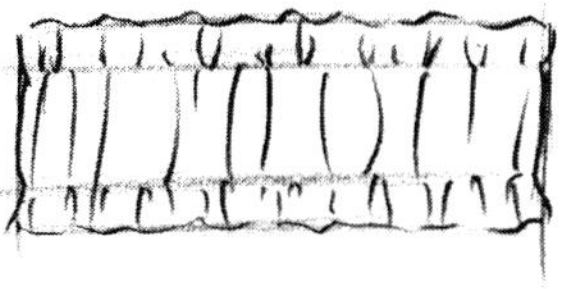

图 6—32

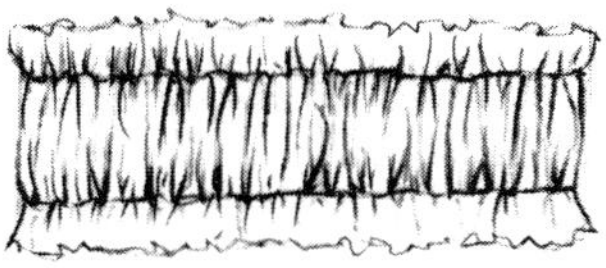

图 6—33

图 6—34

图 6—35

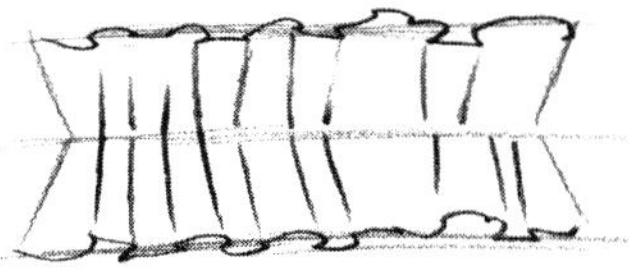

图 6—36

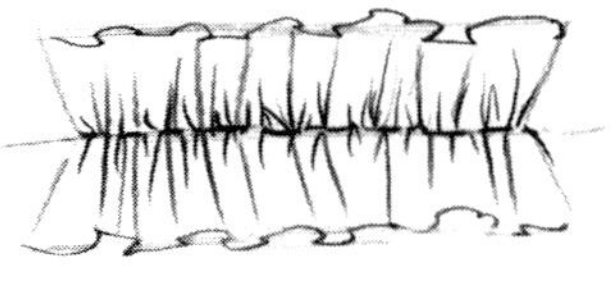

图 6—37

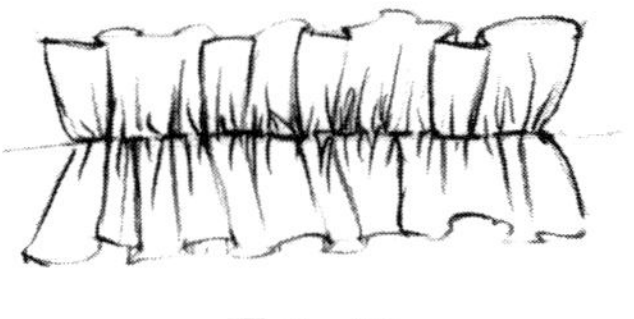

图 6—38

3. 折叠褶

折叠褶与抽褶在结构上与褶裥、抽褶有类似之处，只折叠而不熨烫所产生的褶皱外观和抽褶完全不同。表现时需要注意折叠褶的特点是褶皱起始处实，越往外越虚。对褶详细表现步骤如图 6—39 至图 6—42 所示。顺褶细表现步骤如图 6—43 至图 6—46 所示。

图 6—39　图 6—40　图 6—41　图 6—42

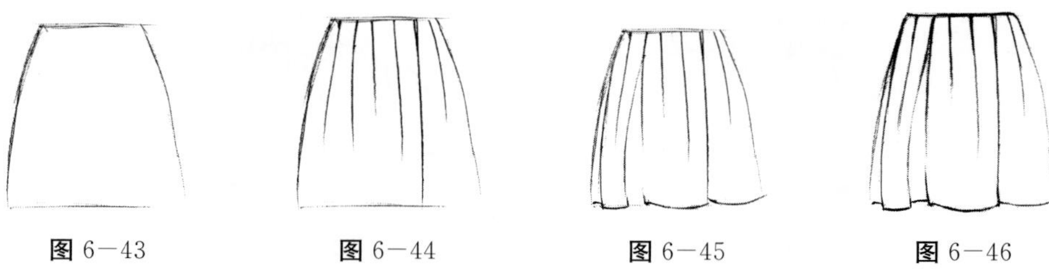

图 6－43　图 6－44　图 6－45　图 6－46

4. 堆砌褶

表现堆砌褶时需要注意褶皱呈现出的排列规律。堆砌褶呈现的样式较为多变，表现时需要注意褶皱的起伏与变化。堆砌褶的表现步骤详见图 6－47 至图 6－50，图 6－51 为堆砌褶结构。有时，服装上常用大量的面料来堆砌成褶皱作为一种装饰，出现在肩部及其他部位，面料堆砌越多，堆砌褶结构越复杂，但立体感和视觉冲击力更强，如图 6－52 所示。

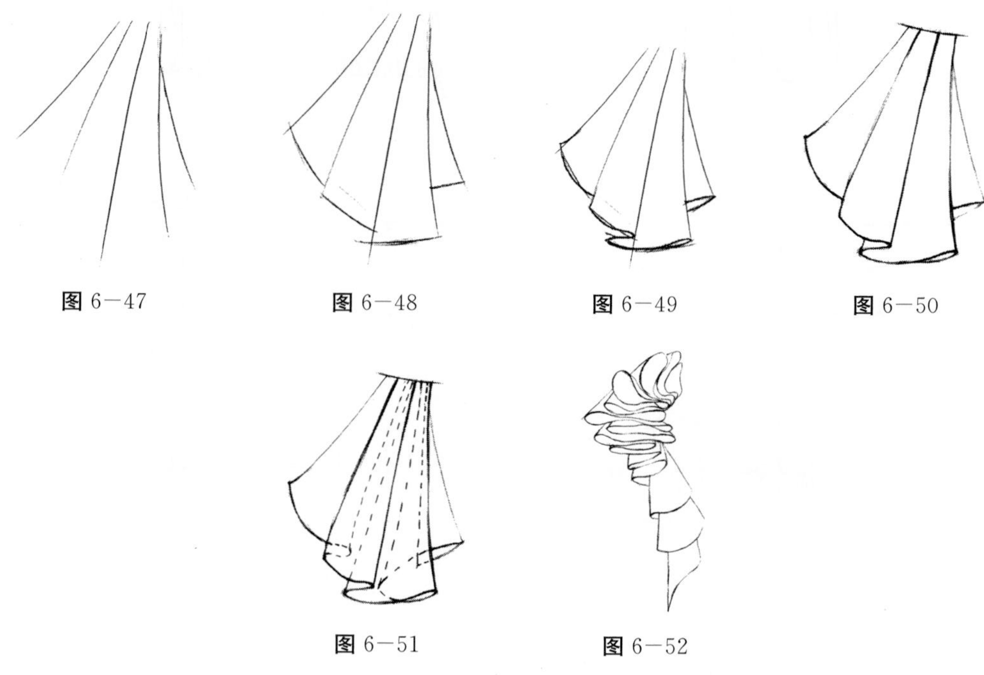

图 6－47　图 6－48　图 6－49　图 6－50

图 6－51　图 6－52

5. 缠裹褶

当褶皱缠裹人体时，褶皱会呈现出不规则的 U 形或半弧形。这是由于褶皱缠裹身体的时候呈现出两端受力、中间展开的状态。缠裹的方向和褶皱的密度会形成有趣的规律。面料缠裹人体是有一定方向性的，当服装上出现许多组褶皱缠裹身体时，需要区分出各组的走向和上下的层次关系。另外，缠裹褶表现时用笔方向要与褶皱走向一致。缠裹褶根据对身体的包裹方式不同可分为不同的种类。斜向呈平行的缠裹褶的表现步骤详见图 6－53 至图 6－56。斜向呈放射状的缠裹褶的表现步骤详见图 6－57 至图 6－60。

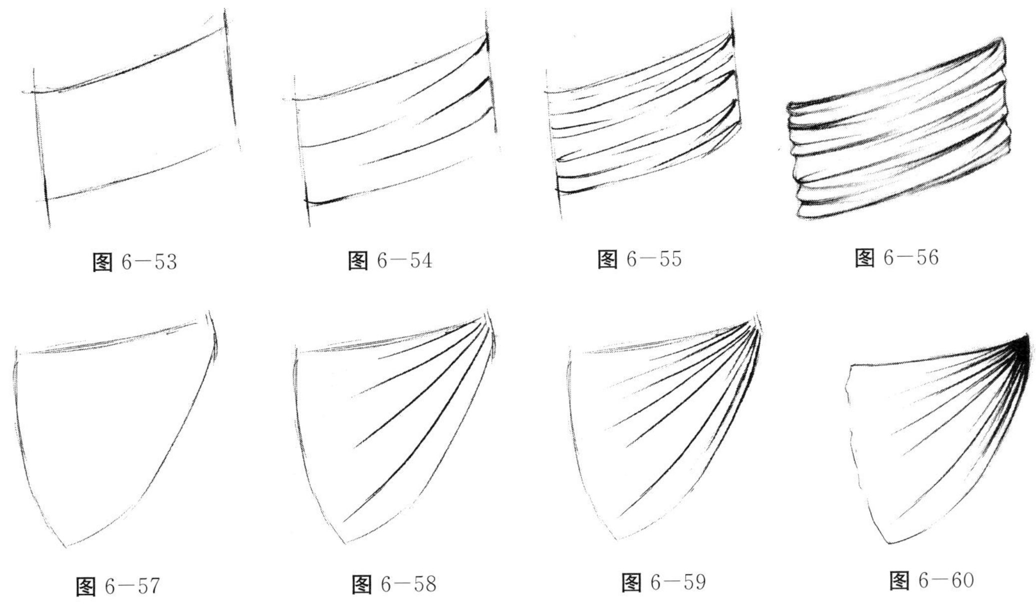

图 6—53　图 6—54　图 6—55　图 6—56

图 6—57　图 6—58　图 6—59　图 6—60

（三）运动褶

挤压纹、拉伸纹在服装上通常是同时出现的，而悬垂纹则与服装的款式及面料特征有关，弹力紧身的服装中就不会出现悬垂纹。运动褶的表现详见图 6—61。

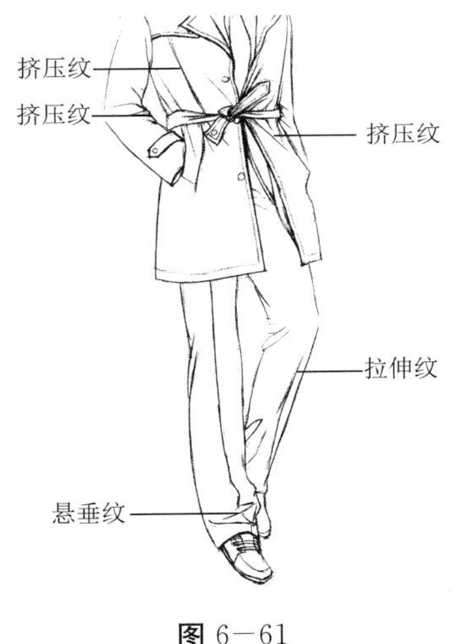

图 6—61

三、褶皱表现的要点禁忌

初学者在表现褶皱时往往容易不注意细节而犯一些错误，以下是常见的几种错误。

（1）即便是褶裥，每个褶都有虚实变化。不要把每条褶线画成完全一样的状态，如图 6—62 所示。

图 6－62

（2）褶皱有前后空间的差别，表现出虚实变化，故纵向褶纹应有长短变化。不要画成平齐状态，如图 6－63 所示。

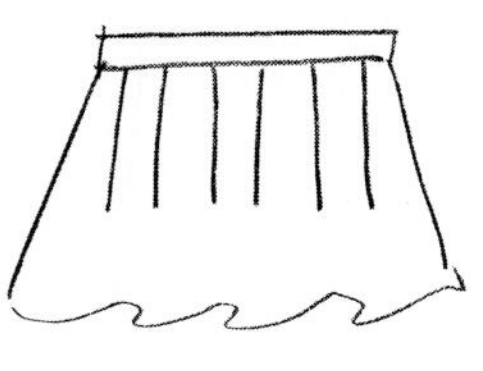

图 6－63

（3）每个褶的方向可以有小变化。褶线的产生与边缘形状是相关的，连接它们的是褶皱的结构。不要不顾褶皱结构把褶线和底摆边缘线画成不相关状态，如图 6－64 所示。

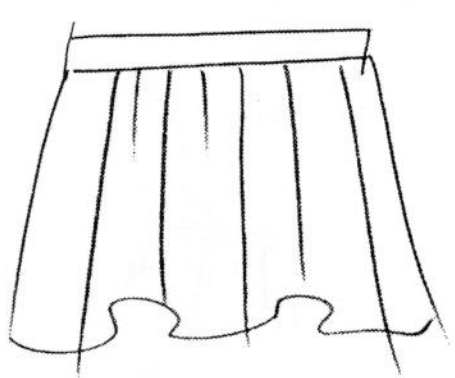

图 6－64

（4）褶线不是无源之水，尤其是人工褶。应将褶纹起点画在缝合线位置，不要留出空白，如图 6－65 所示。

图 6－65

（5）褶纹和下摆或边缘要连接顺畅。不要画成交叉的状态，如图 6－66 所示。

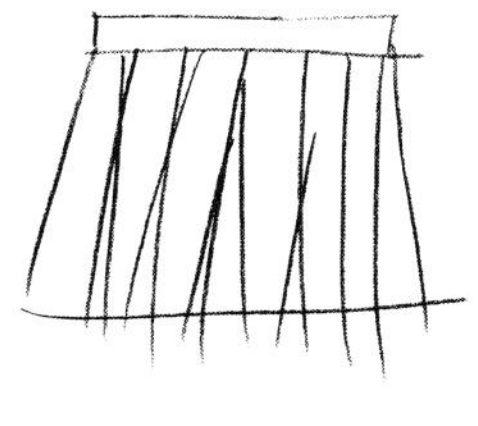

图 6—66

（6）褶皱边缘的结构表现应清楚到位。不要画成一条直线或一条波浪线，如图 6—67、图 6—68 所示。

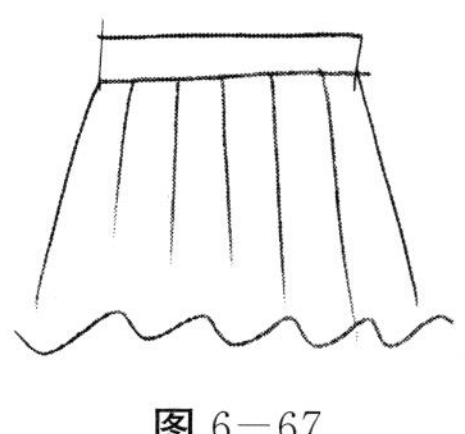

图 6—67

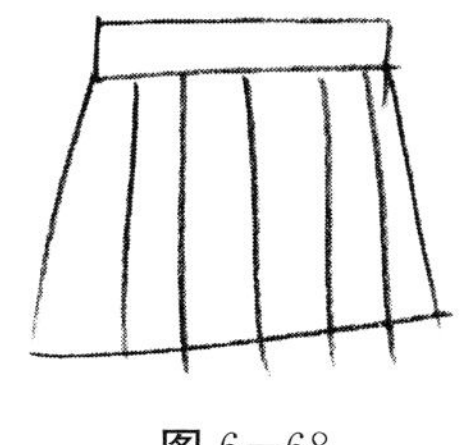

图 6—68

本节课后实践内容：

1. 识记褶皱的产生方式和分类。
2. 识记手臂表现的要点。
3. 工艺褶、运动褶表现临摹。
4. 工艺褶、运动褶表现写生。

本节思考题：

1. 褶皱表现方法是否有一定的规律？
2. 时装画中褶皱表现与速写中的褶皱有何不同？

第四节　着装局部与细节表现

一、着装局部表现

（一）领型表现实例

常见的领子主要由领面、领座和领口三部分构成，大多数领子为左右对称结构，在绘制领子时，除了要把握好领面、领座和领口三者的宽窄、长短关系，明确领子的造型，还要找准两条重要的辅助线，一条是锁骨中点、胸线中点和肚脐的人体中线，一条是肩点连线，以这两条线来检查领子的透视和对称性。图 6—69 为领子与脖子肩部的透视关系图，图 6—70 至图 6—74 为不同领型的表现实例。

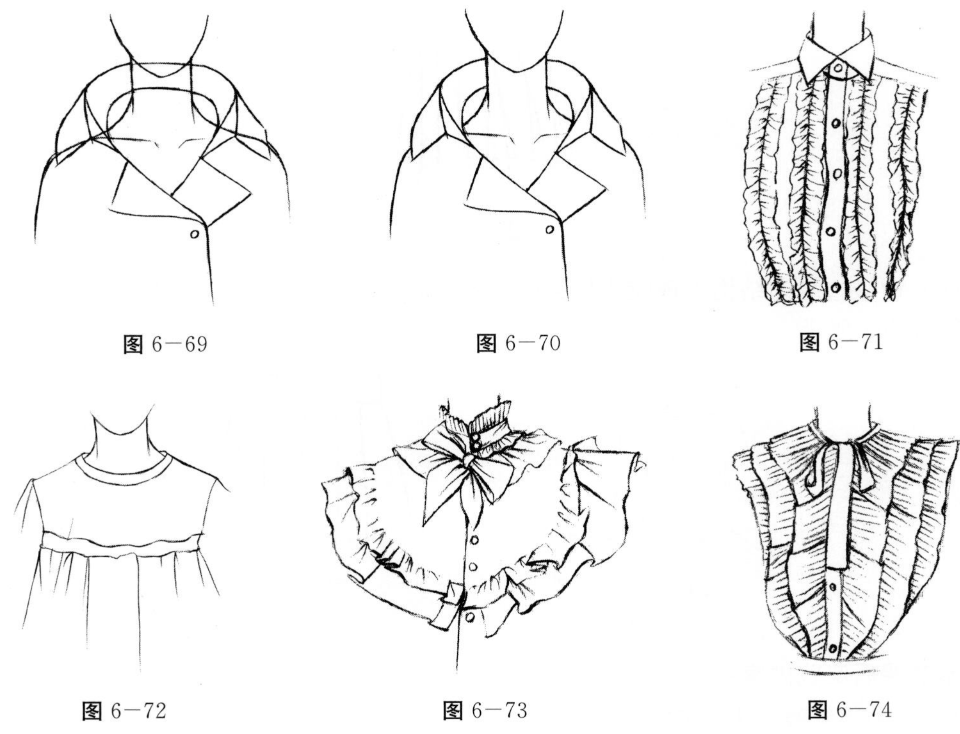

图 6—69　图 6—70　图 6—71

图 6—72　图 6—73　图 6—74

（二）袖型表现实例

袖子款式虽然多变，但受到手臂结构的限制，多呈现出圆筒性，表现时要注意运动褶和人工褶的取舍处理。图 6—75 至图 6—82 为不同袖型的表现实例。

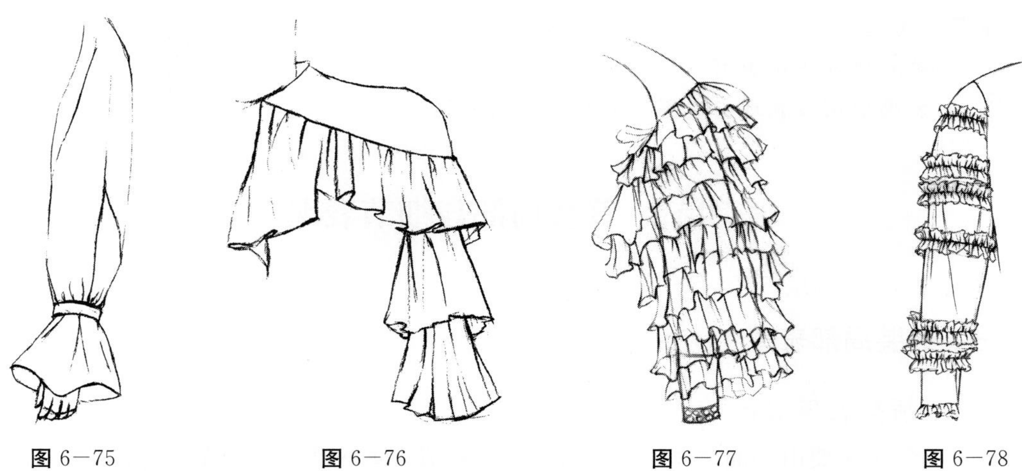

图 6—75　图 6—76　图 6—77　图 6—78

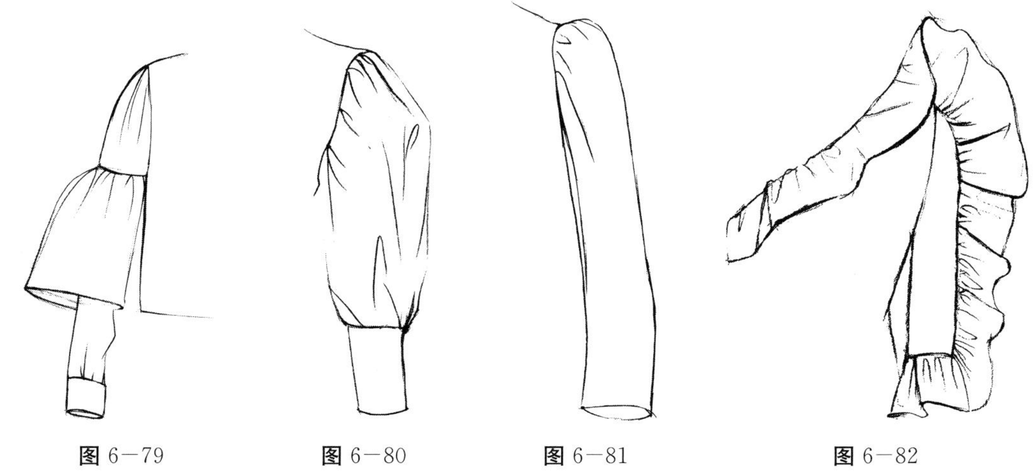

图 6—79　　图 6—80　　图 6—81　　图 6—82

（三）腰部表现实例

上装或上下相连服装的腰部有收腰和松散两种类型，每种类型因面料和设计的不同而变化丰富。腰头主要指裤子或裙子的上部，腰头的宽窄及形状变化丰富。腰头按高低可以分为高腰、中腰、低腰三大类型。图 6－83 至图 6－85 为腰部不同设计的表现实例。

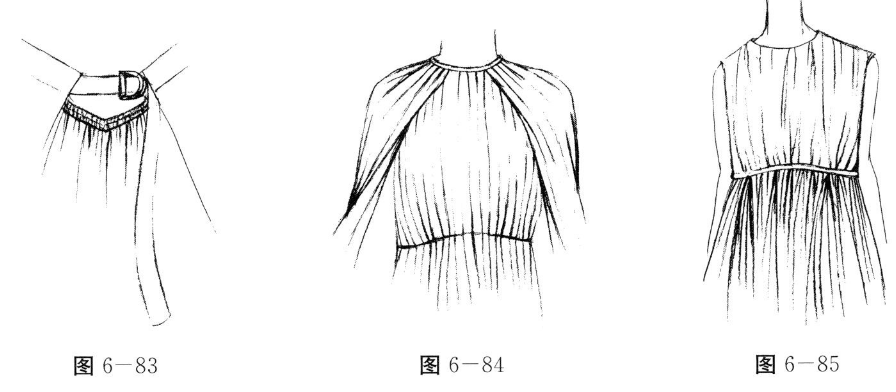

图 6—83　　图 6—84　　图 6—85

（四）脚口与裙摆的表现

裤子最底部称为脚口，脚口因裤子的长度及宽度的设计而产生变化。裙摆较大的裙子的表现多与褶皱相关，一些裙摆较小或无裙摆的裙子款式要注意细节设计、运动褶的表现，如图 6—86、图 6—87 所示。

图 6—86

图 6—87

二、服装的细节表现

（一）服装结构线

服装结构线是服装上因衣片拼接、缝合留下的线。尽管有些风格的时装插画及服装设计效果图中不会太过强调服装结构线，但服装结构线是体现服装设计特点的重要细节与服装的风格及设计特色密切相关。服装结构先的表现如图 6—88、图 6—89 所示。

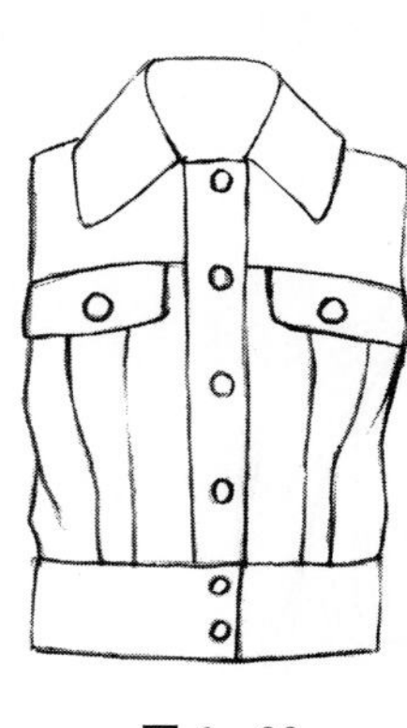
图 6—88

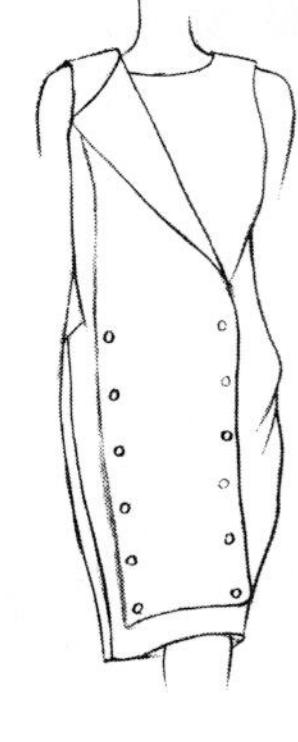
图 6—89

（二）线迹、镶钉

服装上的线迹有着极强的功能性，其中最主要的就是缝合，其次是加固。我们经常在功能性的服装，如牛仔类、工装类服饰以及一些服装的部件上看见各种各样的线迹，这是为防止破损或撕裂而起加固作用的设计。羽绒面料和棉服上的绗缝也是线迹功能性的体现，能够有效防止填充物移位。现在，设计师除了考虑线迹在功能上的用途外，还会考虑线迹的装饰作用，因而我们会在很多非功能性的服装上看到不同的线迹。线迹的数量、轨道、间距、针脚大小、颜色和纱线的材质等，给设计师提供了广阔的发挥空间。尽管线迹是服装上非常微小的部分，却能展现出服装独特的艺术效果，如图 6—90 所示。

镶钉可以形成华丽而闪亮的效果，表现镶钉这种工艺手法的重点在于表现出镶钉物的材质和其不同于平面装饰的立体感，这就要求绘制者具有相当的耐心，表现出镶钉的明暗和投影关系。在表现大面积镶钉时，不需要将每颗都绘制得面面俱到，只需要强调关键的结构转折处或视觉重心部位即可。而一些较小的镶钉只要表现出轮廓即可。常见的镶钉表现实例如图 6－91 至图 6－94 所示。

图 6－90　图 6－91　图 6－92

图 6－93　图 6－94

（三）口袋

大多数的口袋都属于功能性部件，似乎只有西装上的手巾袋能突显出口袋的礼仪作用。虽然口袋在服装上所占的面积不太起眼，但越来越多的设计师在满足其功能性的同时，也将口袋作为装饰性元素来设计，使得口袋的样式向着复合性发展。图 6－95、图 6－96 为常见的口袋表现实例。

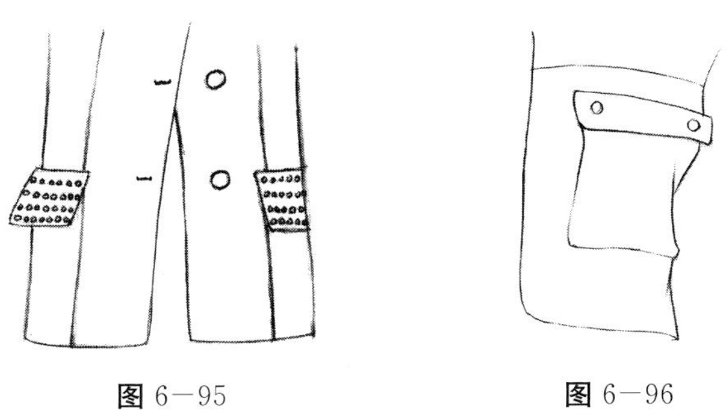

图 6－95　图 6－96

（四）绳带、流苏、纽结及拉链

绳带是服装上经常使用的扁平或圆形的带状连接件设计，常用于腰头、裤脚口、袖

口、下摆、领围以及帽围等处，有些有弹性，有些无弹性，如图 6－97、图 6－98 所示。

流苏是服装上一种以绳带、面料、皮革等材料制成的下垂的穗子，作为一种装饰手法，常用于服装裙边、下摆等处，如图 6－99 所示。

纽结在服装中起着连接固定的作用，功能性较强，包括纽扣、盘扣、袢带等，如图 6－100 至图 6－102 所示。纽结可以根据不同面料、色彩和不同季节的服装进行合理搭配。现在越来越多的设计重视纽结的装饰功能，将纽结设计在服装上较为显眼的位置。

图 6－97　图 6－98　图 6－99

图 6－100　图 6－101　图 6－102

拉链是现代服装中的重要组成内容，是服装常用的带状连接设计，主要用于服装门襟、领口、裤门襟、裤脚等处，也用于鞋子、包袋等的设计中，用以代替纽扣。值得注意的是，当下拉链也作为一种装饰手法运用在服装细节设计中。

本节课后实践内容：

1. 着装局部表现、服装的细节表现临摹。
2. 收集服装秀场上服装局部、服装的细节设计的图片，并进行写生训练。

本节思考题：

1. 时装画中着装局部的表现与速写有何不同？
2. 时装画中服装的细节表现与速写有何不同？

第五节 视平线与服装形态表达

一、时装画中的视平线

视平线是与观察者眼睛平行的水平线。在时装画中，人体位于观察者视平线以上的部分横向切面形态呈向上凸起的弧线；而位于视平线以下的部分，横向形态呈向下的弧线。因此，视平线位置的选择决定了袖口、腰带、衣摆、裙摆、裤脚口的弧线形态，以及服装上横条纹图案的走向。

二、视平线与服装的横向形态

（一）视平线的位置

时装画中视平线的位置是多变的。若视平线在人体股骨上端连线处，人体同走秀模特看起来有仰视的感觉；若视平线在人体眼睛处，人体看起来比较写实；若视平线在人体腰围线上，效果介于二者之间。

（二）视平线与服装横向形态

如图 6－103 所示，视平线在人体股骨上端连线处。位于其以上的服装，横向形态呈现向上的弧线；位于其以下的服装则呈现向下的弧线。但由于人体动态和转动角度的不同，袖口、腰带、裙摆、裤脚口的弧线形态以及服装上条纹图案的走向都有变化。值得提出的是，视平线在人体股骨上端连线处的服装，视平线以上的部位服装的下摆或底摆处能看到面料的里侧，处理起来稍有些麻烦，褶皱表现时该部分为仰视，如图 6－104 所示。

视平线在人体眼睛处时，服装的横向形态呈现向下的弧线，少了几分仰视的感觉，人体看起来没有那么高，如图 6－105 所示。褶皱表现胸部上下两个部分透视效果有差异，裙子底摆褶皱表现为俯视，如图 6－106 所示。

视平线在人体腰围线上的透视效果及褶皱表现如图 6－107、图 6－108 所示。

值得注意的是，以上三种情况仅仅是相对常用的视平线位置，在绘制时装画时，视平线位置的选择可以结合具体的服装款式以及个人的能力灵活变通，不是一成不变的。

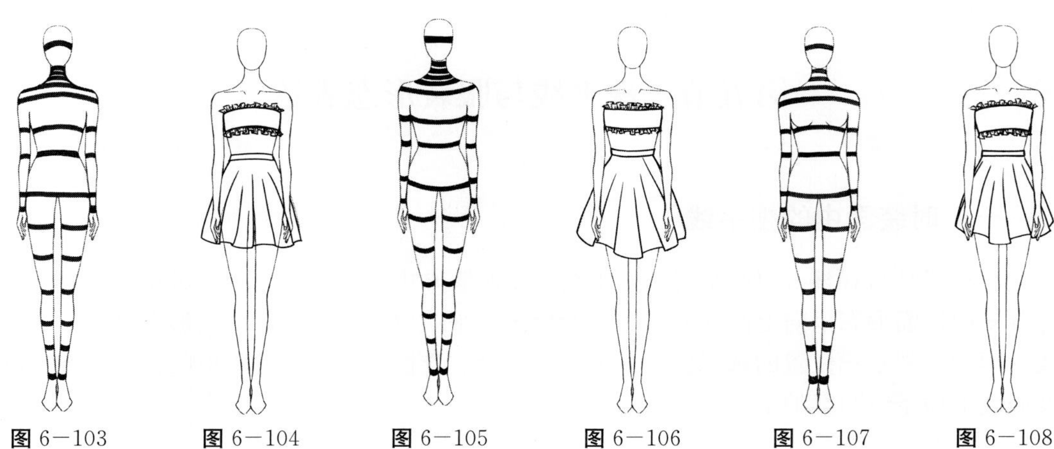

图 6—103　图 6—104　图 6—105　图 6—106　图 6—107　图 6—108

本节课后实践内容：

1. 在实际生活中观察视平线的位置对着装形态的影响。
2. 思考视平线位置对服装款式表现的影响。

本节思考题：

1. 为何秀场一般选择较低的视平线位置来展示服装？
2. 时装画中要如何根据款式来选择视平线位置？

第七章　整体着装与表现

课题名称：整体着装与表现

课题内容：人体着装线描表现、不同线质的表现、人体着装素描表现、服装面料表现、时装画风格化处理与表现、服装平面款式图

课题时间：理论 5 课时，课堂实践 5 课时，课外实践 14 课时

教学目的：理解服饰产生透视、虚实变化的原因，掌握厚度与层次、外形、服装的材质因素对服装服饰表现的影响；掌握不同线质在服装服饰中的表现、人体着装简画法在服装服饰中的表现；掌握不同面料的表现步骤、方法和要点，完成服装整体着装材质表现写生，并尝试表现技法的创新；了解时装画风格化的原因，尝试建立个人风格；识记并掌握平面款试图的绘制方法、步骤及要点

教学重点：不同线质的表现、人体着装素描表现、服装材质表现、时装画风格化处理与表现

教学难点：服装材质表现

教学方式：教师课堂讲授、提问、演示，学生课堂、课后实践，教师指导，课堂测验，学生分组讨论等多种方式

必备工具：A4 纸、水彩纸、素描纸、网格纸、硫酸纸、自动铅笔、绘画铅笔（不同软硬）、小毛笔（叶筋、狼圭、红圭均可）、圆珠笔、防水针管笔（不同型号）、秀丽笔（大中小号）、马克笔（方头、小方头、圆头）、蘸水笔、水溶性针管笔、签字笔、橡皮、餐巾纸、直尺、便携速写板等

第一节　人体着装线描表现

造型能力是时装画手绘技法的基础，无论哪种技法，一般都需要事先画好人体着装线稿，在设计表现时需要考虑到光线作用下面料的光影变化（写意风格的时装插画除外）。彩铅、马克笔、水粉、水彩等技法都是在线描的基础上进行着色表现的，因此人体着装线描表现是各种表现技法的基础。

一、透视的表现

人体着装线描表现要注意透视的表现。时装画线描表现中透视的变化主要来自三个方面。第一方面是由动态带来前后空间的变化，因而产生透视变化，3/4 侧面最为明显。第二方面是因视平线的位置不同，服装袖口、腰带、裙摆、裤脚口等处产生透视的

变化，因此表现服装时先要明确视平线的位置。第三方面则是当人穿着服装后，服装上的图案会跟随人体的部位起伏及动态的变化而发生透视上的变化。表现角度不同，图案在透视上的差异也较大。

二、虚实的变化

（一）因服装的主体性产生的虚实变化

时装画是以服装为主体的艺术形式，以此为特征带来的是人体与服装之间的虚实变化，即服装为实、人体为虚。

（二）因透视上前后空间的差异产生的虚实变化

前面已经讲到人体动态和视平线的变化会带来透视上的变化，有空间透视上的变化就必然带来虚实的变化，即近处实、远处虚。

（三）因褶皱起伏产生的虚实变化

上一章第二节与第三节已经讲解了褶皱的产生与表现，褶皱的虚实变化在人体着装表现中也十分重要，这是体现服装造型与特点的重要组成部分。值得提出的是，在人体着装表现时，不应为了褶皱而表现褶皱，而是要合理恰当地运用线条的虚实变化，使褶皱的表现有利于服装整体的表现。

（四）因人体支撑服装产生的虚实变化

人体穿上服装后，服装因面料自身重量及地心引力的作用自然下垂，会出现人体的有些部位与服装贴合得非常紧密，而有些部位则相对宽松。这些贴合紧密的部位主要为肩部、前胸、背部等处，这些点被称为人体着装的支撑点。支撑点不是一成不变的，其数量的与服装宽松程度有关。一般而言，服装越宽松，支撑点越少。支撑点的数量与设计也有较大的关系，宽松的服装款式会因增加了腰带的设计而使支撑点增多。人体动态也会使支撑点产生变化，如单腿承重等动作会增加支撑腿这边腰臀部对服装的支撑。在表现人体着装时要注意，支撑点因与服装紧密贴合，应表现得更实，而蓬松的部分则应该表现得更虚。

三、服装厚度与层次的表现

在厚度上，春夏装与秋冬装有较大的区别。长短不一、多层、多件服装表现时要注意服装里外的层次关系。此外，配饰也是人体着装的重要组成部分，要注意表现其在空间上的层次关系。

四、服装外形的表现

服装的外形与款式及面料有关，相同的款式面料不同，其内部空间服装外形会有较大的变化。9 头身人体是一种美化的人体，与真实人体比例存在一些差距。尤其 9 头身对人体腿部的拉长很容易导致初学者把握不准服装长度。写生时要注意 9 头身着装表现，腿部服饰要随腿拉长而进行拉伸，同时还要注意不要一味地将服装拉长而忽略了服装的整体外形轮廓特点。

五、服装材质的表现

服装面料种类极多，一款服装上出现多种材质也十分常见。即便是着装的线描表现，也要注意通过线条的变化对服装材质的特点进行表现。这也是设计师绘画功底的一种体现。

本节课后实践内容：

1. 结合本节知识，认真观察服饰与人体运动之间的联系。
2. 思考服装褶皱在服装中的分类。

本节思考题：

1. 服饰褶皱与人体运动之间有何联系？
2. 线描人体着装如何表现服装材质？

第二节　不同线质的表现

一、细线表现

（一）工具

纸、针管笔、铅笔、钢笔、圆珠笔、蘸水笔等。

（二）细线表现人体着装的特点

时装画人体着装线描细线表现是一种运用硬笔来表现的方法。其特点与硬笔的特点有着较大的关联。硬笔笔头因笔头硬，与纸面接触均匀，故线条均匀流畅。细线表现的线条特点主要表现为线条硬朗，肯定而明确，干净利落，运笔时用力均匀，也有虚实变化，但线条的粗细差异不大。细线表现因每种笔的特点不同，表现出来的着装线描效果不同。

针管笔出水均匀，在绘制时要求笔尖与纸面垂直，因此画出来的线条硬朗而有力，有点像铁丝的感觉。铅笔容易因用笔力度不同而使线条产生不同的深浅层次，同样是细线但虚实变化更加丰富。钢笔出水的均匀度不及针管笔，也不容易因用笔的力度变化而使线条产生虚实变化，因此钢笔表现的效果介于针管笔和铅笔之间。蘸水笔和钢笔的效果类似，但初学者较难把握。

圆珠笔是一种较为特殊的笔。不同于钢笔和针管笔，圆珠笔笔尖前面为笔珠，容易因用笔的力度变化而使线条产生虚实变化。但因笔墨为半流体并且含油，因此线条不及钢笔、针管笔光滑，也不像铅笔那样有着较强的连续性。因此，圆珠笔表现出的线条具有十分鲜明的特点。圆珠笔笔尖前端会积累油墨，容易在纸上留下一个很大油点，用圆珠笔要及时擦去笔尖的油墨。

图 7—1 至图 7—4 分别为时装画针管笔、钢笔、铅笔、圆珠笔人体着装线描细线表现。

图 7—1　　图 7—2

图 7—3　　图 7—4

二、粗线表现

(一) 工具

马克笔（圆头马克笔、）、针管笔、铅笔等。

(二) 粗线表现人体着装的特点

粗线主要通过笔头较粗的硬笔来表现。用粗线表现人体线描着装的特点粗狂而奔放，线条硬朗，适合表现硬朗风格的服装。图 7－5、图 7－6 为大号秀丽笔与圆头马克笔时装画人体着装线描粗线表现。

图 7－5　　　　图 7－6

三、粗细线结合表现

（一）工具

硬笔：马克笔（圆头马克笔、方头马克笔）、针管笔、铅笔等。

软笔：秀丽笔、国画毛笔（狼圭、白云、叶筋、花枝俏、勾线笔）、黑色墨水或颜料（水粉水彩皆可）、水粉笔等。

（二）粗线表现人体着装的特点

粗细线表现的工具与粗线表现基本相同，但用法不同。

1. 硬笔粗细线表现的特点

硬笔表现粗细线主要通过变换用笔方向或更换不同粗细的笔尖来实现。硬笔线条刚劲有力，粗细线结合表现大大增强了线条的层次，通过变换笔的粗细来弥补单只笔线条单一的缺陷，因此大大拓宽了表现空间。硬笔粗线表现人体着装具有简单易学、效果鲜明的特点，是初学者比较容易掌握的一种线描着装表现方法。

马克笔有圆头和方头两种，但笔尖均有不同的粗细。方头笔的两个不同的方向可以画出粗细不同的线条，因此用来表现粗细线十分方便。多种粗细的马克笔混合使用比较容易出效果，能表现出大气奔放而又对比强烈的效果。

针管笔表现粗细线同样是通过不同粗细的笔混合使用实现的。但针管笔的线条比马克笔更细，因此整体特点的马克笔更加细腻而耐人寻味。

2. 软笔粗细线表现的特点

软笔笔头软，需要通过控制腕部力量和方向来控制线条的粗细和走向，把握起来难度较大。其特点主要表现为线条粗细变化差异大，虚实变化鲜明，线条因笔的不同而有着较大的差异。

秀丽笔是软笔中相对比较好控制的，准确来说是一种半软笔。秀丽笔的笔跟到笔腹部分的内部有硬芯，但笔尖没有，因此秀丽笔笔尖较软而笔腹、笔跟较硬。因为笔腹及笔跟的特殊构造，因此较好控制，其线条流畅，有一定的粗细变化。

毛笔有非常多的种类，也有不同的大小。毛笔笔头软，单独使用即可画出不同粗细的线条，不同毛笔结合使用则可以利用不同笔的特点使画面效果更加生动而丰富。

图 7—7 至图 7—10 分别为圆头马克笔、方头马克笔、毛笔、秀丽笔人体着装线时装画描粗细线表现。

图 7—7　图 7—8

图 7—9　图 7—10

四、人体着装线描表现实例

（一）女装

女装着装线描表现实例如图 7－11 至图 7－20 所示。

图 7－11

图 7－12

图 7—13

图 7—14

图 7—15

图 7—16

图 7—17

图 7—18

图 7－19

图 7－20

（二）男装

男装着装线描表现实例如图 7—21 至图 7—24 所示。

图 7—21

图 7—22

图 7—23

图 7—24

（三）童装

童装着装线描表现实例如图 7—25 至图 7—30 所示。

图 7—25

图 7—26

图 7—27　　图 7—28

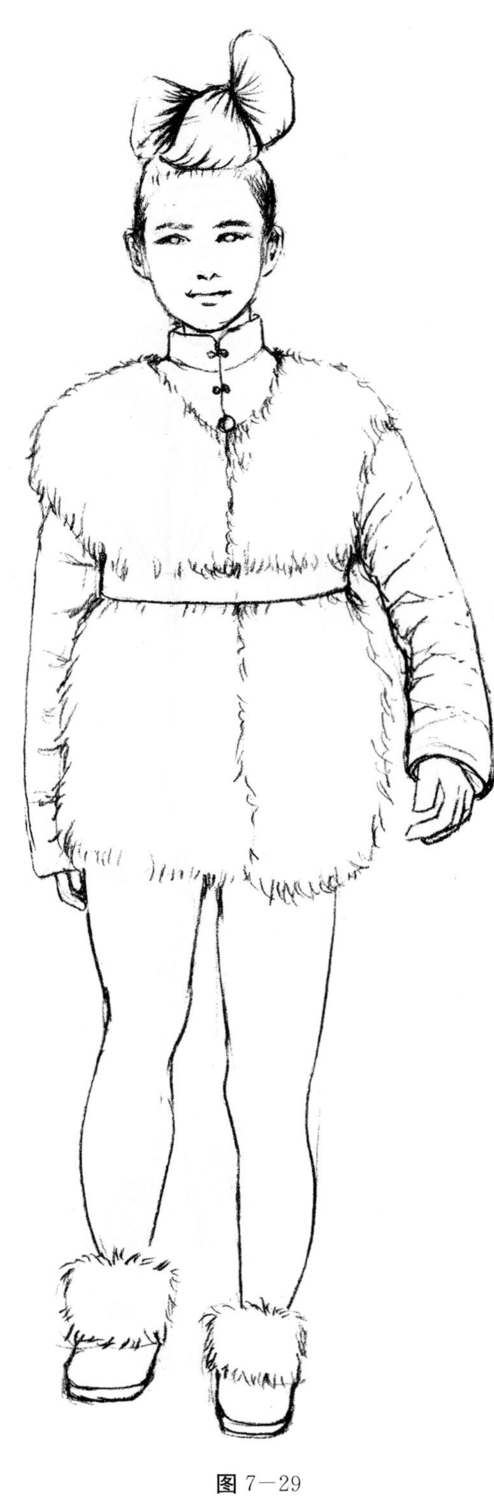
图 7—29

图 7—30

本节课后实践内容：

1. 结合本节知识，进行人体着装线描表现临摹、写生。
2. 观察生活中服装服饰的基本特征。

本节思考题：

1. 服装的材质在线描人体着装中该如何表现？
2. 时装画技法的创新与用笔有何关系？

第三节　人体着装素描表现

人体着装素描表现是一种通过单一色彩表现着装效果的时装画表现技法，可以分为简画法、精画法两大类。这两类技法所运用的工具差别较大，每种工具的特点差异较大，每种技法表现的侧重点均不相同，各有特点。此外，手绘的个人风格差异较大，同一种技法同样的工具，不同的人会表现出不同的风格特点。

一、素描简画法

（一）工具

纸、铅笔、圆珠笔、炭笔、木炭条、A4 纸、橡皮等。

（二）素描简画法的特点

时装画着装素描简化法是一种在线描的基础上简单表现着装明暗关系的着装表现技法，在一定程度上保留了慢写的特点，结合彩色马克笔或彩铅等工具一起使用可以达到时装画快速表现的目的。素描简化法容易表现出简洁、个性、前卫的特点，因此十分适合一些前卫风格的服装款式。

（三）素描简画法表现的要点

（1）用排线的方式简要概括明暗。

（2）大胆舍弃细碎的褶皱。

（3）表现服装大型为主，根据材质特点用线。

图 7－31 至图 7－33 分别为时装画针管笔、圆珠笔、炭笔时装画人体着装素描简画法表现实例。

图 7—31　　图 7—32

图 7—33

二、素描精画法

(一) 工具

纸、铅笔、圆珠笔、炭笔、木炭条、素描纸、橡皮等。

(二) 素描精画法的特点

时装画着装素描精画法是一种表现服装明暗关系的着装表现技法，在一定程度上保留了素描的特点：刻画细腻，层次丰富，但表现速度较慢。素描精画法是彩铅直接表现技法的基础。

（三）素描精画法表现的要点

（1）准确表现明暗光影。

（2）表现材质特点。

（3）明确服装的主体地位。

（4）注意服装色彩、图案、空间关系的表现。

图 7－35 为时装画铅笔人体着装素描精画法表现实例。

图 7－35

三、其他技法

一些水性材质的单色技法严格来说也叫作素描技法，一般以晕染为主，工具有水粉、水彩颜料、国画颜料、水溶性针管笔等，结合自来水笔或毛笔来表现，并根据表现所需要的效果来选择纸张，如水彩纸、宣纸、绢等。

时装画单色晕染是一种运用单色颜料晕染来表现服装明暗关系的着装表现技法。单色晕染兼具水彩的特点，但因为是单色的，故属于素描的一种。水彩颜料因加水量的不同得到的颜色明度不同。水彩单色表现应由浅入深，即先画浅色再画深色，逐渐叠加。叠加时可以待上一遍颜色干透后再叠加下一遍颜色，也可以待上一遍颜色未完全干透时便叠加下一遍颜色。水彩晕染水分多少及用笔均较难把握，因此难度较大。水溶性水彩笔在一定程度上降低了晕染法的难度，是一种纤维头的彩色硬笔，可以水溶，但只能溶一次水，无法像水彩颜料那样反复叠色覆盖。用水溶性水彩笔勾完线后再用自来水笔或毛笔蘸水进行水溶，此法表现清新淡雅。也可用水溶性水彩笔勾完线后适当排线表现光影后再水溶，可以表现浓淡有致的效果。若水溶时水分较少，颜色无法完全被溶解，会残留些许排线痕迹，这又是另一种效果。

（三）水溶性水彩笔人体着装单色晕染法表现步骤

（1）先用铅笔勾线，将颜色用橡皮擦淡，再用水溶性水彩笔用排线的方式将暗部加重，越暗的地方线条越密集，效果如图 7—36。

（2）用毛笔蘸水晕染，水量根据所需效果调整，最终晕染效果如图 7—37 所示。

图 7—36　　图 7—37

本节课后实践内容：

1. 结合本节知识，进行人体着装简画法、精画法表现临摹、写生。
2. 生活中服装服饰的基本特征与表现。

本节思考题：

不同的表现方法在服饰中的表现有何不同？

第四节　服装面料表现

表现服装面料是时装画的又一大特点。在服装设计效果图中，面料的表现极其重要。服装面料种类非常复杂，根据面料特点可以分为轻薄类、厚重类、图案类、光泽类、立体类。

一、轻薄类面料

（一）轻薄类面料表现要点

（1）用笔要轻，较硬挺的纱要用硬度较大的笔。

（2）褶皱的形态与质感的表现密切相关。

（二）轻薄类面料表现步骤

1. 薄纱面料

（1）勾出面料的大形和褶皱走向画出背景色。

（2）区分开褶皱的亮部和暗部，颜色浅、质地硬的纱适合用 2H 以上铅笔表现。

（3）用餐巾纸顺着褶皱方向擦拭画面。

（4）用橡皮擦将高光擦亮，深入刻画出褶皱的细节，尤其要注意高光的形状与特征，纱的暗部细节不用过多表现。

表现步骤如图 7－38 至图 7－40 所示。

图 7－38

图 7－39

图 7—40

图 7—41

2. 雪纺印花

(1) 勾出雪纺印花图案的大形。

(2) 根据面料明度的区别画出基本的亮灰暗关系。

(3) 用餐巾纸均匀地擦拭画面。

(4) 深入刻画出雪纺印花图案的细节，尤其要注意雪纺印花图案即便是白色的部分也需要将其明度适当降低，以取得雪纺印花图案和谐统一的效果，用餐巾纸擦拭画面的意义也就在此。同理，深色部分与其他色的交接部位也不可画得太明确。

表现步骤如图 7—42 至图 7—45 所示。

图 7—42

图 7—43

图 7—44

图 7—45

3. 中厚棉料

(1) 勾出面料褶皱的大形。

(2) 根据面料明度的区别画出基本的亮灰暗关系。

（3）用餐巾纸顺着褶皱方向擦拭整幅画面。

（4）深入褶皱的明暗细节，尤其要注意中厚棉料褶皱起伏时所呈现的弧度，这是表现面料厚度的重要部分。

表现步骤如图7—46至图7—49所示。

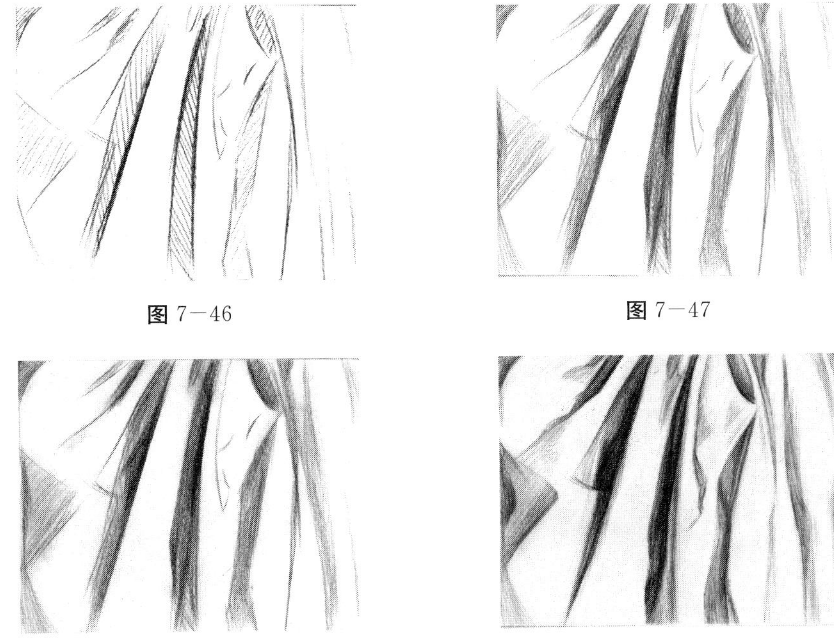

图7—46

图7—47

图7—48

图7—49

二、厚重类面料

（一）厚重类面料表现要点

（1）表面粗糙的厚重类面料需用黑而粗的铅笔。

（2）起绒或蓬松的面料需要用餐巾纸擦拭来营造效果。

（二）厚重类面料表现步骤

1. 针织面料

（1）勾出大形，划分出不同编织方法的基本位置。

（2）根据编织方法的区别画出不同编制方法、不同花口的基本形状，并表现明暗关系。

（3）用打圈圈的方法用餐巾纸擦拭整幅画面，得到针织面料的哑光特征。

（4）用4B以上较钝的笔，顺着针织面料编制方向、图案花口的方向深入表现明暗细节，尤其要注意辫子花口的穿插关系，最后调整整体的色彩关系。

表现步骤如图7—50至图7—53所示。

图 7—50

图 7—51

图 7—52

图 7—53

2. 毛呢

(1) 勾出褶皱大形。

(2) 表现出明暗关系，浅色毛呢不宜用颜色过深的笔来表现。

(3) 用餐巾纸反复揉搓画面祛除笔触感及线条感，得到面料的哑光特征。

(4) 深入表现明暗细节，适当添加杂色，以表现出毛呢的面料特征。

表现步骤如图 7—54 至图 7—57 所示。

图 7—54

图 7—55

图 7—56

图 7—57

3. 皮草

(1) 勾出皮草的大形，并画出基本的色彩明暗关系，用笔方向与毛的走向一致。

(2) 进一步表现出明暗关系，表现不同毛的质地、装饰物的基本色彩。

(3) 用餐巾纸顺着毛的方向擦拭，白色毛的部分只要轻轻带过暗部即可。

(4) 深入表现明暗细节，尤其要注意边缘线的处理要柔和，以体现出皮草之间的覆盖关系。

表现步骤如图 7—58 至图 7—61 所示。

图 7—58

图 7—59

图 7—60

图 7—61

三、条格图案类面料

(一) 条格图案类面料表现要点

1. 条格类面料会随人体的起伏变化，表现时要尤其注意。
2. 表面起绒的条格要注意色彩过渡要柔和。

（二）条格图案类面料表现步骤

1. 条纹面料

条纹面料的表现步骤：

（1）勾出条纹大形，标记出条纹基本的色彩明暗关系。

（2）由于条纹色彩较深，可以用 6B 以上的笔迅速地将深色部分着色。

（3）用餐巾纸顺着条纹的方向均匀地擦拭画面。

（4）用橡皮将白色条纹提亮，用稍微偏软的笔如 3B、4B 铅笔表现明暗之间的过渡层次，要注意即便是同一颜色的条纹，在暗部的色彩也比在其他部位的更深。笔触的处理与面料的厚薄有关，由于表现的条纹面料是较薄而且表面十分光滑，因此用笔要比表面粗糙的面料更加细腻。

表现步骤如图 7－62 至图 7－65 所示。

图 7－62

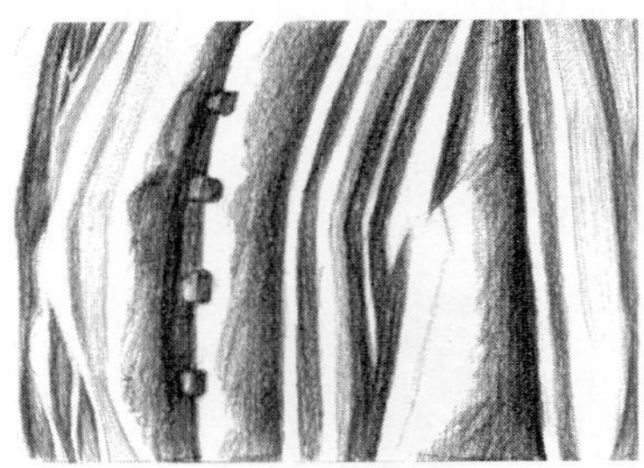

图 7－63

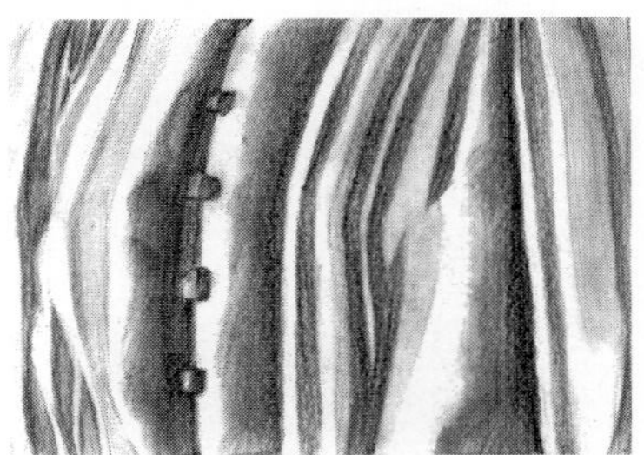

图 7－64

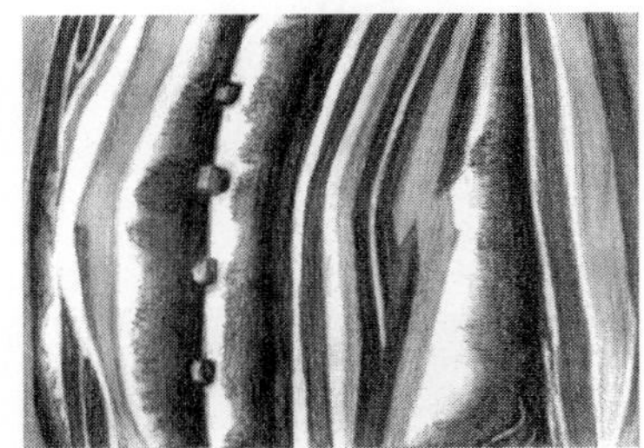

图 7－65

2. 格纹面料

（1）勾出格纹大形，尤其要注意表现条格的起伏变化，这与面料的起伏密切相关。标记出基本的色彩关系，梭织面料的经纱由交替的两种或多种色彩排列，纬纱需根据格子设计要求变换色彩，相同色彩的纬纱与不同色彩的经纱纵横交错得到不同的颜色。找到格子色彩变化的规律对于格纹面料的表现非常有帮助。

（2）颜色较深的格纹可以用 6B 以上的笔侧锋迅速地表现，最亮的格子留白，面料其余不同深浅的色彩通过变化笔触力度来表现。

（3）用餐巾纸打圈圈的方式擦拭整个画面，祛除笔触痕迹，得到表面起绒的效果。

（4）用橡皮将白色格子的高光提亮。有些格子色彩较深，可用 6B 左右的铅笔加深暗部，根据面料的起伏特征表现出每个格子四边的虚实关系，不可将每个格子的边缘画死。此外还要注意由于褶皱所产生的明暗关系。

表现步骤如图 7—66 至图 7—69 所示。

图 7—66

图 7—67

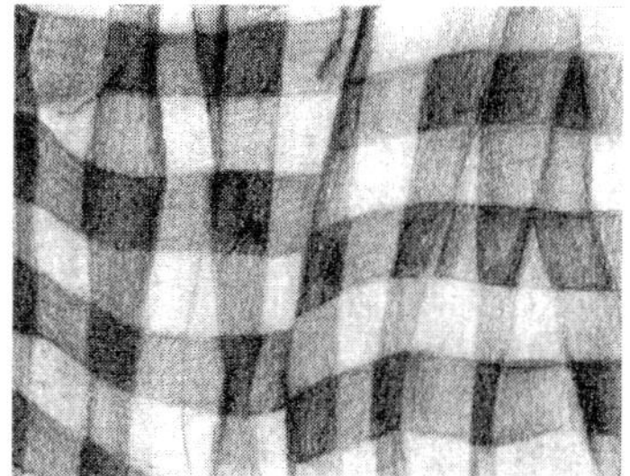

图 7—68

图 7—69

3. 豹纹面料

(1) 勾出服装的大形，由于所表现的豹纹面料较为厚重，因此需要用 6B 以上的笔来画斑纹。

(2) 用 6B 笔进一步加深明暗关系，根据面料的起伏及受光的特征画出斑纹的虚实关系。

(3) 用餐巾纸擦拭整个画面，祛除笔触痕迹，得到表面起绒的效果。

(4) 将暗部及斑纹实的部位加深，进一步表现明暗、虚实关系。

表现步骤如图 7—70 至图 7—73 所示。

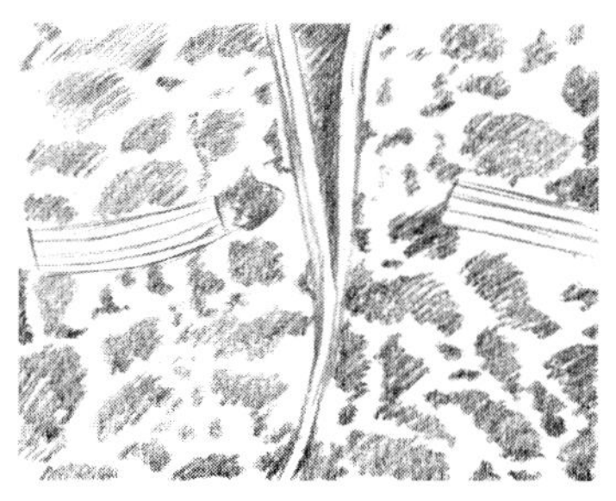

图 7—70

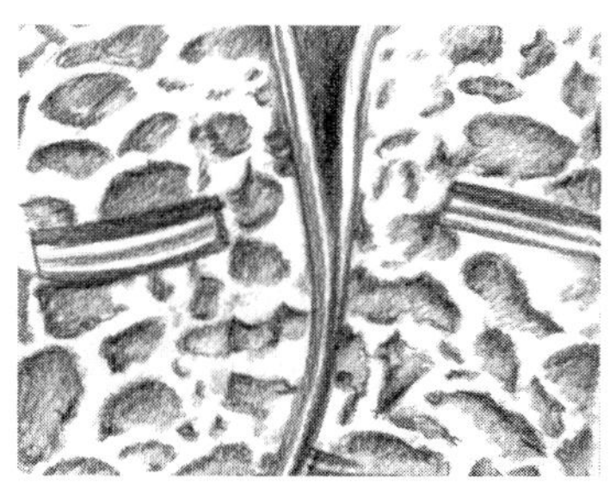

图 7—71

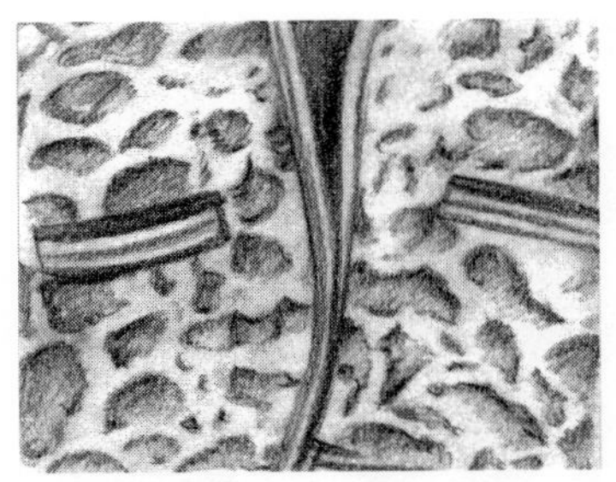
图 7－72

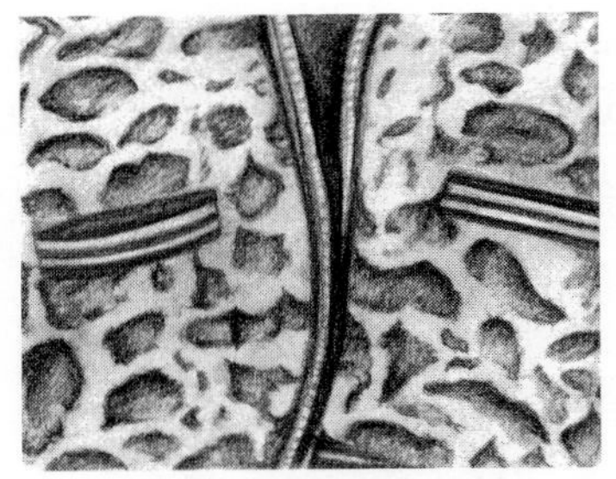
图 7－73

4. 绣花面料

(1) 归纳出绣花图形的大形。

(2) 进一步画出绣花图形的细节，画出基本的明暗关系。

(3) 用餐巾纸擦拭整个画面。

(4) 表现绣花图形的细节特征，进一步表现图案明暗关系，注意体现虚实的变化。表现步骤如图 7－74 至图 7－77 所示。

图 7－74

图 7－75

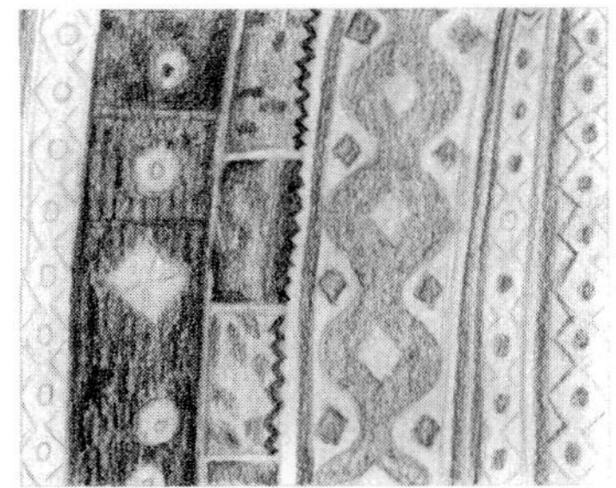
图 7－76

图 7－77

四、光泽类面料

(一) 光泽类面料表现要点

(1) 光泽类面料要准确抓住高光的形状。

(2) 漆皮等表面光滑的面料的光感非常强烈。

（二）光泽类面料表现步骤

1. 皮革

（1）画出褶皱的走向，标记出基本的明暗关系。

（2）进一步加深明暗关系。

（3）用餐巾纸擦拭整个画面。

（4）用橡皮擦亮高光周围的区域，深入表现色彩关系，选择软硬适中的笔表现灰面虚实的变化，尤其要注意高光的形状。

表现步骤如图 7－78 至图 7－81 所示。

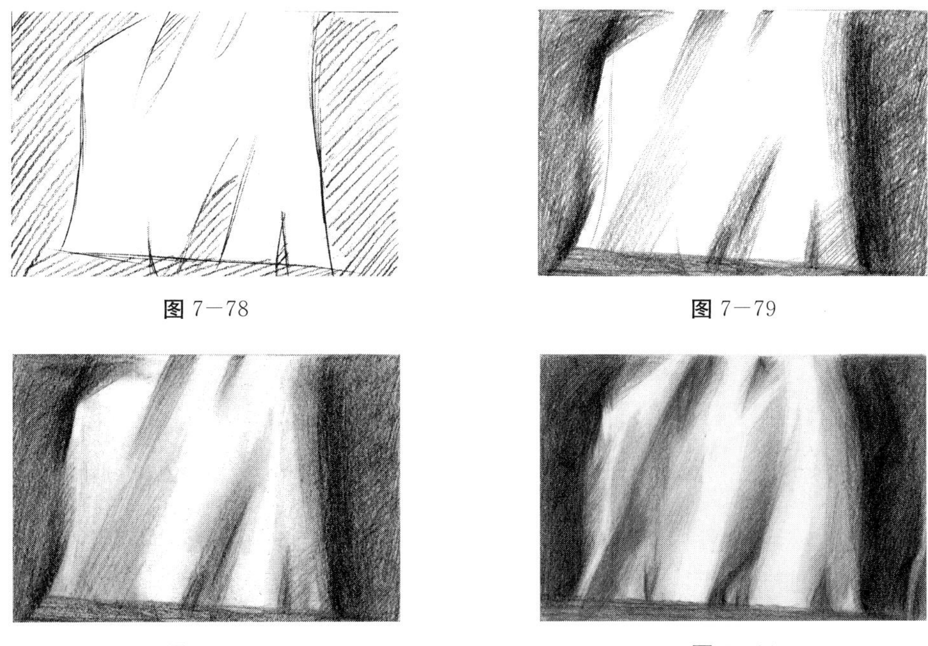

图 7－78　图 7－79

图 7－80　图 7－81

2. 漆皮

（1）准确画出褶皱的走向，漆皮的特征与褶皱的形态有着密切的关系。

（2）漆皮表面光滑而且反光特别强烈，表现为极强的明暗对比关系，应用 6B 以上笔快速表现出暗部色彩，留出高光。

（3）用餐巾纸擦拭暗部，高光部位不擦。

（4）深入表现暗部虚实关系，选择软硬适中的笔表现亮部与暗部衔接部位的虚实变化。

表现步骤如图 7－82 至图 7－85 所示。

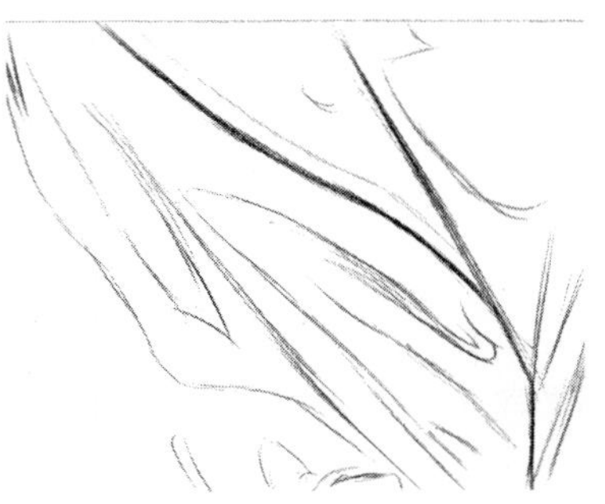
图 7－82

图 7－83

图 7－84

图 7－85

3. 丝绸

（1）画出褶皱的走向。

（2）用 6B 以上的笔快速表现出暗部色彩，留出高光。

（3）用餐巾纸擦拭整个画面，灰面及亮部只需轻轻带过即可。

（4）用橡皮擦擦亮高光周围区域。丝绸表面光滑，明暗对比强烈，灰面层次丰富，需深入表现暗部虚实关系，通过变化不同软硬的笔表现不同部位的明暗及虚实变化。

表现步骤如图 7－86 至 7－89 所示。

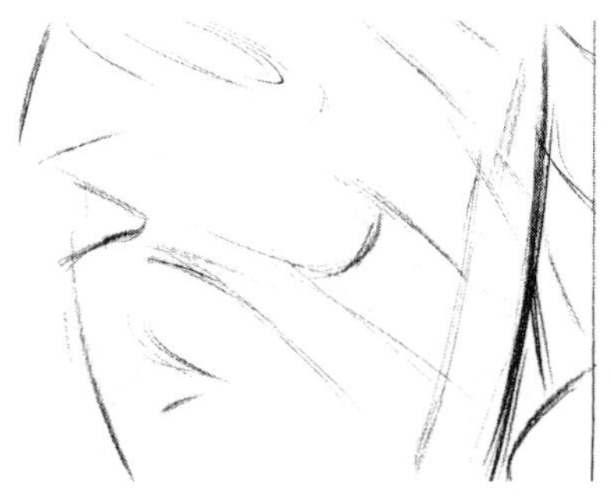
图 7－86

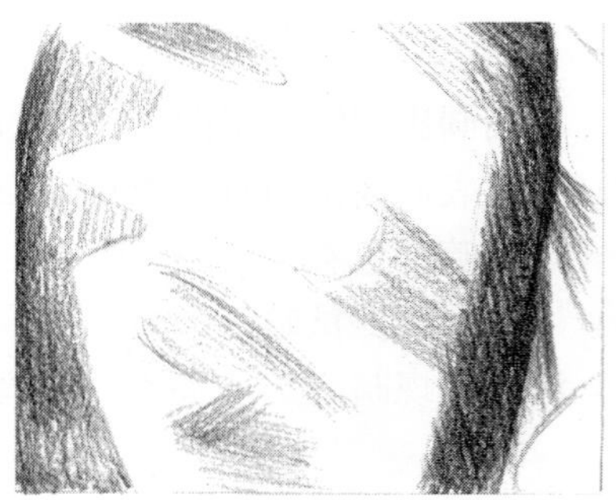
图 7－87

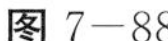

图 7－88

图 7－89

4. 亮闪面料

具有闪亮特征的面料类型较多，在礼服中非常多见。较大的亮片比较容易观察到明暗关系，较小的亮片有时在视觉上就仅仅是一个小点。一些非常细腻的、类似指甲油里的小亮片附着在面料上时，面料的明暗就与服装及人体的起伏有着较大的关系，有些部位受光闪亮的特征会非常明显，一些背光的部位则不表现出闪亮的特征。细腻成片的亮闪面料的表现步骤如下：

（1）画出面料图案的基本形状。

（2）由于面料色彩较深，因此可以用 4B 以上的笔快速表现出暗部色彩，留出高光，用笔方向与面料肌理方向一致。

（3）用餐巾纸擦拭暗部，亮部只需轻轻带过即可。

（4）用橡皮擦擦量高光周围区域，细心地表现出不同部位的明暗及虚实变化，尤其要注意高光的大小和形状。

表现步骤如图 7－90 至图 7－93 所示。

图 7－90

图 7－91

图 7—92

图 7—93

五、立体类面料

（一）立体类面料表现要点

立体类面料上有细微的突起或较小的水钻，要注意虚实的表现。

（二）立体类面料表现步骤

1. 珠绣

（1）细心画出面料图案的基本形状，归纳出亮部和暗部。

（2）用 4B 以上的笔侧缝快速表现出暗部色彩，留出高光。

（3）用餐巾纸轻轻擦拭暗部，亮部只需轻轻带过即可。

（4）用橡皮擦擦出高光形状，轻轻提亮暗部珠片，细心地表现出不同部位的明暗，尤其要注意画出立体花的投影，用橡皮擦辅助表现大颗水钻的材质特征，最后把深色珠子画上。

表现步骤如图 7—94 至图 7—97 所示。

图 7—94

图 7—95

图 7—96

图 7—97

2. 立体花

（1）细心画出立体花的基本形状，归纳出亮部和暗部。

（2）由于暗部色彩较深，因此可以用 4B 以上的笔的侧锋快速表现出暗部色彩，用笔方向和面料肌理方向一致。

（3）用餐巾纸擦拭整幅画面，揉搓出面料柔和朦胧的特征。

（4）用橡皮擦准确擦出立体花的形状，用 4B 以上的笔加重立体花的暗部，细心地表现出不同部位的明暗差别；用 2H 以上的硬笔表现出立体花的材质特征，画出立体花中间的珠子；用橡皮擦出水钻，注意表现水钻明暗区别及投影。

表现步骤如图 7—98 至 7—101 所示。

图 7—98

图 7—99

图 7—100

图 7—101

3. 流苏

（1）根据流苏的规律画出基本形状。

（2）从上往下表现流苏的穿插覆盖关系。根据面料色彩的深浅选择不同硬度的铅笔表现流苏的投影，根据面料的材质特征选择不同的笔触，并通过灰面的刻画表现出流苏材质特征。

（3）用同样的方法完成全部流苏的表现。

表现步骤如图 7－102 至图 7－105 所示。

图 7－102

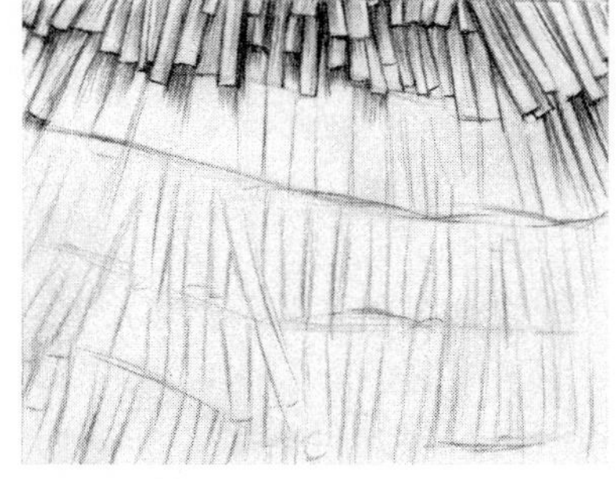

图 7－103

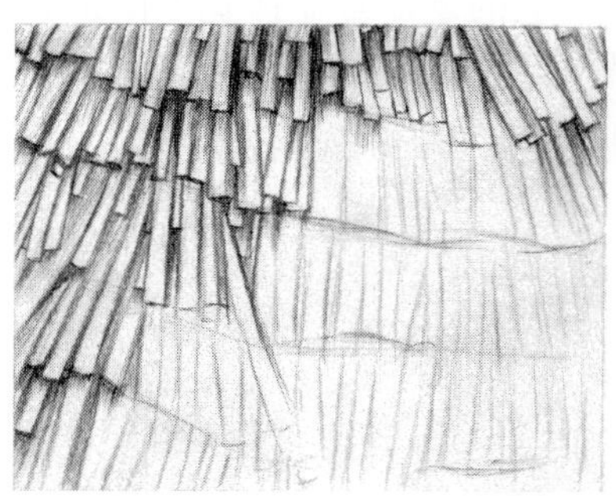

图 7－104

图 7－105

六、服装面料表现实例

服装面料表现实例如图 7－106 至图 7－112 所示。

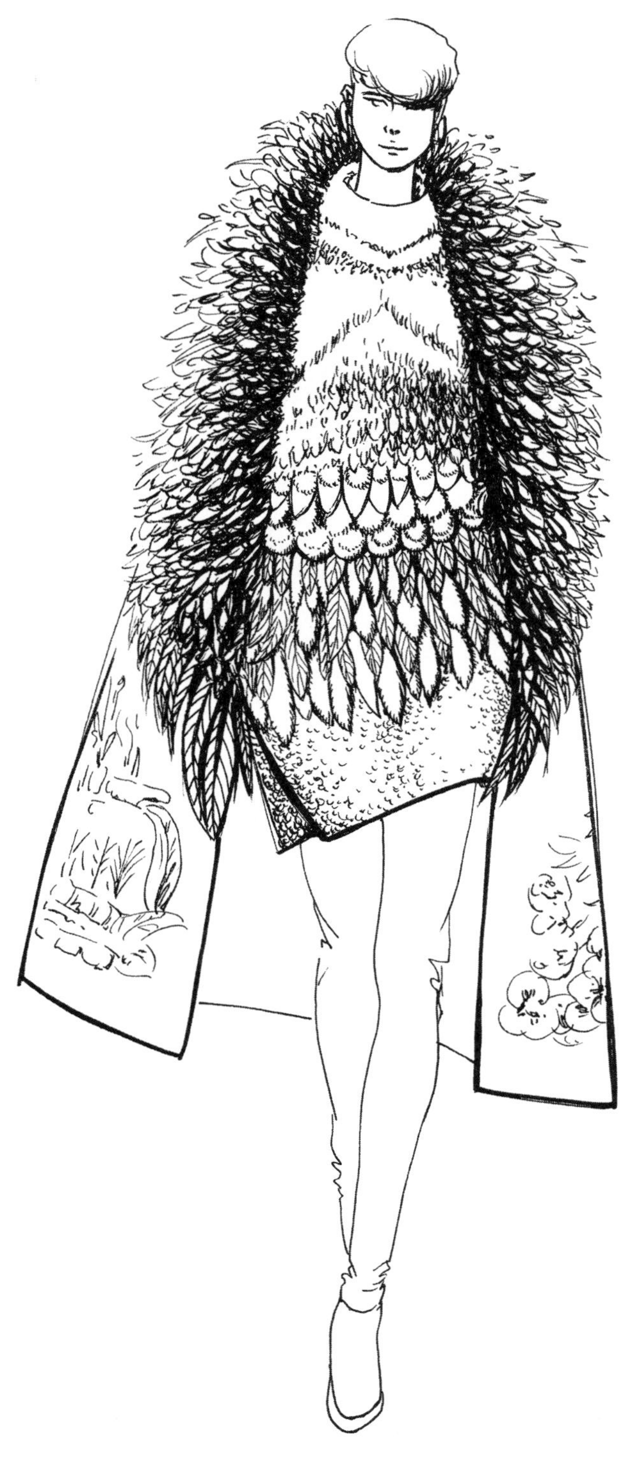

图 7—106

图 7－107

图 7—108

图 7—109

图 7—110

图 7－111

图 7—112

本节课后实践内容：

1. 服饰材质表现临摹。
2. 服饰材质表现写生。

本节思考题：

1. 不同材质表现方法的异同。
2. 各种材质的快速表现与材料（媒介）之间的关系。

第五节 时装画风格化处理与表现

一、以服装决定人体角度与动态

服装的款式不同，适合表现的角度也不同。通常情况下，时装画会选择最能体现服装特点的角度，以最大限度地展现服装服饰的特点。为了减少表现难度而选择容易表现的角度往往不容易表现服装真正的特点与魅力。同时，服装的风格特色不同，所适合的人体动态也有较大的区别。前卫、时尚类服装往往结合夸张的人体动态，而优雅、细腻类服装往往人体动态也优雅大方，如此才能最大限度地表现服饰的内在特点。

二、面料表现与工具选择

时装画的面料丰富多样，其工具与技法也极其丰富。一些工具因其本身的特点在某一类材质的表现方面是非常有优势的，比如油画棒在表现大线圈针织毛衣、粗呢等材质时，不仅速度快，而且材质特征明显。水溶性彩铅在表现印花效果时，通过水溶不仅能体现浅淡的花纹，而且能表现出丰富的色泽。如果用水彩技法，画面的整体艺术气息会更加浓郁。但前者的掌握难度比后者简单许多，单张作品的成功率会高很多。国画水墨技法也能用于时装画表现，但其运笔用墨的功夫却不是一天两天就能学会的。素描技法尽管在印花类面料表现时不太占优势，却是一种表现能力较强的技法，对面料的局限较小。

三、个人风格的培养与建立

个人风格很大程度上与个人的性格有着较大的关系。时装画的风格非常多，每一类风格又因个人的用笔特点、表现形式不同而呈现出丰富的艺术种类。建立属于个人的时装绘画风格不是一件难的事情，除了提高审美能力外，养成良好的个人习惯，再保留自己画面的优势，风格也就初步形成了。但建立个人的风格需要坚持不懈地往前探索。

（一）提升艺术审美能力

1. 艺术的发展历史

对艺术的内在精神的探索有助于提高审美能力，艺术的精神内涵都通过不同的作品呈现出来。不同人的作品之间的艺术内涵有差别，而不同年代的作品之间的差异就更大了。这与时代特征、社会文化需求都有着必然的联系，艺术家个人的修养与偏好也在一定程度上影响着艺术作品的内在含义。对中外绘画艺术史、设计史做深入的了解对于提高审美能力有着较大的帮助。在对艺术发展史的了解过程中，去寻找那些自己感兴趣的风格或画派，并分析其艺术内涵及形式语言，对于个人的艺术创作是非常有帮助的。

2. 艺术大家作品鉴赏

大师的作品有较高的艺术鉴赏价值。在有一定艺术史知识的基础上对大师个人不同阶段的作品进行比较，甚至与同期其他大师的作品进行比较能帮助我们更加客观地分析作品的审美意义。如果没有任何艺术史基础，那更应该多看大师的作品，这是避免误入歧途的最直接有效的办法。通过在对大师作品鉴赏的过程中，补充艺术史的有关内容后，最终真正喜欢的作品与起初也就会有一些出入。如果对一些作品存在一种看不懂的感觉，那不妨去思考一下艺术家是否刻意改变了描摹对象的本来面貌，以及为何要做这样的改变。当思考而不得结果时，就有必要去弄清楚艺术家所在的时代背景和文化特点了。若此时依然不清楚艺术家的用意，那必须要将艺术家置于艺术史的具体阶段，思考其在艺术发展史中的价值和意义。

3. 中西艺术审美的差异

中外艺术在没有正面直接交流的情况下，各自的发展规律完全不一样。西方绘画艺术更加注重对自然的真实描摹，在质感、色彩等方面都极其真实。东方的绘画追求意境，绘画是士大夫“畅神”、“媚道”的精神对象，追求悟道、气韵、中和的精神境界，对内涵的注重远远大过于形式本身。西方艺术在摄影术出现后以往的绘画评判标准受到了严重的冲击，从对自然的真实描摹转变为一种实验艺术，通过不断的实验对过去已存在的艺术形式进行创新。如今现代主义理念在如今广泛地被运用在设计艺术领域，尽管风格差异极大，却被归结为点、线、面、体的简单本质形式。一旦逃离出对历史上某一种绘画风格的简单迷恋，对美的认知便会大大提高。但这并不是说迷恋历史上某一种风格不是一件好事。与其说中西艺术在审美标准上有差异，不如说中西方在文化内涵意义上有差异。尽管如今已经进入全球化经济时代，但这样的差异依然存在。

（二）好的习惯

1. 关注时尚

作为服饰造型艺术的一部分，时尚是至关重要的。对于服装服饰时尚的快速反应也是时装画的一个重要特点和趋势。本质上来说，这也是区别于其他艺术形式、绘画类别的重要部分。通过对时尚的关注，取其最有代表性的部分，再借助于绘画语言的转换就会成了一幅时装画作品。在某种意义上，时装画对于时代的作用和意义也就在于其真实地反映当下的文化及未来的流行趋势。当一切都成为历史时，这些反映时代特征的时装画就是审美评判标准变化及社会文化变迁最好的见证。

2. 涂鸦

大部分喜欢绘画的人都有信手涂鸦的习惯。尤其在一些无聊的时候，有一支笔、一张纸，有意无意间就会诞生许多不能称之为“作品”的涂鸦。其实这是一个很好的习惯。只要适当地给予自己一定的主题方向，就很容易因个人的情绪和当天的经历而产生不同的画面效果。当然，这样的涂鸦有时也会成为记录灵感的一种方式。长期的涂鸦也有助于个人风格的形成。

3. 新的尝试

时尚的特征就是看上去总是在不停的呈现新的特征。这种对创新的执着对于时装画而言是大有裨益的。比如换笔、换手、换纸，这样的尝试往往会取得令自己都意想不到的效果，甚至有时是刻意模仿都达不到的效果。有时候也不妨换换思路，可以专注于服饰的表现，也可以将人体与服饰作为一个剪影。拼贴是一种很适合于思维训练的方式，通过将不同材料取舍后拼在一个画面中，形成具有特定风格的时装绘画作品。但也有一定的难度，那就是对素材的取舍与对作品风格的统一。相对而言，盲画和一笔画就要简单许多。通过大量实验来寻求新的肌理效果也是一种很容易推陈出新的尝试。绘画软件丰富的笔触可以帮助我们实现一些不容易控制或是不熟悉的技法效果，但前提是需要对软件的功能和界面非常熟悉。当然，不同技法的混搭也是一个不错的尝试方向，但一定要自己亲自去试。

可以去尝试的方法非常多，远不止以上提及的这些，新的尝试不仅会给时装画学习带来乐趣，而且对于探索自己的风格有极大的帮助。

4. 勤能补拙

尽管任何时候都有人鼓吹艺术家的天资如何如何重要，但对于包括所谓的天才艺术家在内的人们来说，勤劳的益处是毋庸置疑的。时装画是需要通过不断的练习来熟悉表现步骤、识记动态特点、掌握材质表现方法的。如果在时装画的学习中疏于练习，尽管有很好的资质，要想取得更大的进步是比较困难的。而在艺术设计教学中，普遍的情况却是天资条件较好的学生往往不太勤快。而那些勤快的学生尽管短时间之内看不出有太明显的突破，但是一学期下来却进步非常明显。所谓“不积跬步，无以至千里”，勤快的学生在日积月累中进步，一旦这样的勤快习惯贯穿于整个大学乃至人生，必然带来厚积薄发之势，最终所形成的学习习惯比时装画本身的意义更为重大。

（三）保留自己的优势

1. 工具的偏好与选择

可以用于时装绘画表现的工具是非常多的，但个人的习惯不同、性格不同，必然对工具的偏好有所不同。在时装画表现中，素描技法是很多技法的基础。彩铅直接表现法（彩铅非水溶技法）本质上不过是在素描技法基础上的一种有色表现而已。通常而言，时装画技法中擅长素描技法的人彩铅直接表现技法也不会太差。尽管很多技法之间都有一些联系，但要把全部的技法都完全掌握还是有难度的，从众多的工具中选择自己喜欢并且适合自己的就显得非常重要了。通过淘汰一些自己不喜欢并难以掌握的技法可以将较多的时间专注于自己擅长的技法研究中，这对于形成自己的风格是非常有帮助的。

2．保留自己作品中的特点

在任何形式的绘画中，每个人都在不同程度上与其他人有着一些不同。这些不同表现在用线、用色、笔触、造型特征等方面。要形成属于自己的风格，技法、工具等都是一些辅助性条件，个人风格本质上是运用独具特色的绘画语言而形成别具一格的艺术特征。艺术语言就是已经提及的用线、用色、笔触、造型特征的综合。每个人在以上的这些方面都或多或少地与他人不同，但却没有自己的风格。其主要原因来自以下几个方面：第一，不认为有自己特点的用线、用笔是自己的独特艺术语言；第二，用其他风格的标准来衡量自己的用线、用笔，以至于将自己独有的特征逐渐从作品中排除出去；第三，不认为建立属于自己的风格比模仿一种风格更重要；第四，不知道自己的作品中有哪些优势，更不知道是哪些因素影响了画面效果，阻碍了自己风格的形成，因而对自己全盘否定。以上这四个原因足以毁灭一个人形成自己的独特风格。针对以上"病症"所要做的首先是从意识上充分认识到模仿只是一种学习的方式而不是最终的目的。作品能临摹，但作品灵魂无法复制。从同行的作品中获取灵感最终只会使自己陷于随波逐流的泥潭。其次，不要用不同风格的标准来衡量自己作品的优缺点，选择一种适合自己的风格，比要求自己画出一种自己喜欢但自己完全做不到的风格要简单得多。因此，从自己作品的本身特征出发，去寻找一些具有类似特征的成熟艺术作品观摩是非常有必要的，观摩的目的不是为了和别人画的一样，而是从中总结出自己和他们之间的相同之处和不同之处。要通过比较来充分认识哪些是对画面效果产生了好的影响，哪些是破坏了作品效果。最后要做的就是大量的实验和尝试，在这个过程中进一步凝练自己的独特特征，去除影响效果的因素，最终形成自己的风格。

3．放大自己作品的特点

从某种意义上来说，放大自己作品的特点是保留自己作品特点的一种特殊形式。这要求作画者一旦总结出自己作品中属于个人的特征性、标识性用笔及用色后，便提取出该特征用于作品的表现与创作中。这是去除个人作品中的缺陷与不足的最快捷的方式，也是表现自己艺术语言的特质最立竿见影的方法。该方法要求能够对作品的优缺点、特征有足够的认识，否则就不容易抓住具有个人特质的因素。

本节课后实践内容：

1．时装画的风格形成受到哪些因素的影响？

2．要形成自己的风格要如何去开始尝试？

本节思考题：

1．时装画对于时尚行业的作用意义是如何体现的？

2．东西方审美的差异对时装画的影响主要表现在哪些方面？

第六节　服装平面款式图

一、平面款式图的绘制要点

由于平面款式图是用于指导实际生产的，因此在比例上无法用美化的9头身及以上的比例。为了使效果最大限度地接近实际情况，成年人的服装款式多用7头身比例绘制平面款式图。但在绘制一些特殊服装款式平面款式图时，比例可以做适当的调整。儿童及未成年人服装平面款式图按实际年龄比例绘制。必须记住7头身从腰到脚跟为4个头长，下巴到腰为2个头长。

根据服装款式的长度，对照7头身人体比例找到服装款式重要的结构位置。上衣决定款式特征的主要结构位置为肩线、领围线、腰线、底摆、袖长，与之对应的是肩端点的位置、领围的形状、腰线的位置与宽度、底摆的位置与宽度、袖子的长度与宽度。裙子决定款式特征的主要结构位置为腰线、臀围线、底摆，与之对应的是裙子腰线的位置与腰头形态、臀围的位置与宽度、底摆位置与宽度。裤子决定款式特征的主要结构位置为腰线、臀围线、横裆线、中裆线、脚口，与之对应的是裤腰的位置与宽度和形态、臀围的宽度、裤裆的位置、裤子中部裤管的宽度、脚口的位置与宽度。

服装平面款试图要求明确地画出服装的结构线、分割线、装饰线，准确地表现服装上的细节特征、工艺特征，有时可以标注适当的文字进行说明。

二、平面款式图的绘制方法及步骤

（一）网格法

识记7头身的比例，在网格纸上通过数格子确定服装各部位的位置，完成平面款式图的绘制。所必需的工具为网格纸、铅笔、橡皮、直尺、针管笔等。

1. 绘制上衣平面款式图的详细步骤（如图7—113至图7—117所示）

（1）通过数网格确定三个头长的量，即下巴至胸围、胸围至腰围、腰围至臀围。根据头长来确定肩宽、腰围、臀围的长度，即肩宽1.5个头长、腰宽1个头长、臀宽1.5个头长。

（2）根据服装款式的特征，明确服装的肩峰点、腰宽、臀宽，画出领子与服装躯干部分的分割线。

（3）画出袖子的款式特征。

（4）画出所有的装饰明线，并以服装前面款式图为基础，完成该款式的背面款式图；如果追求工整的效果，可以将绘制完成的平面款式图通过拷贝台或硫酸纸等进行拷贝，以去除背景格纹。

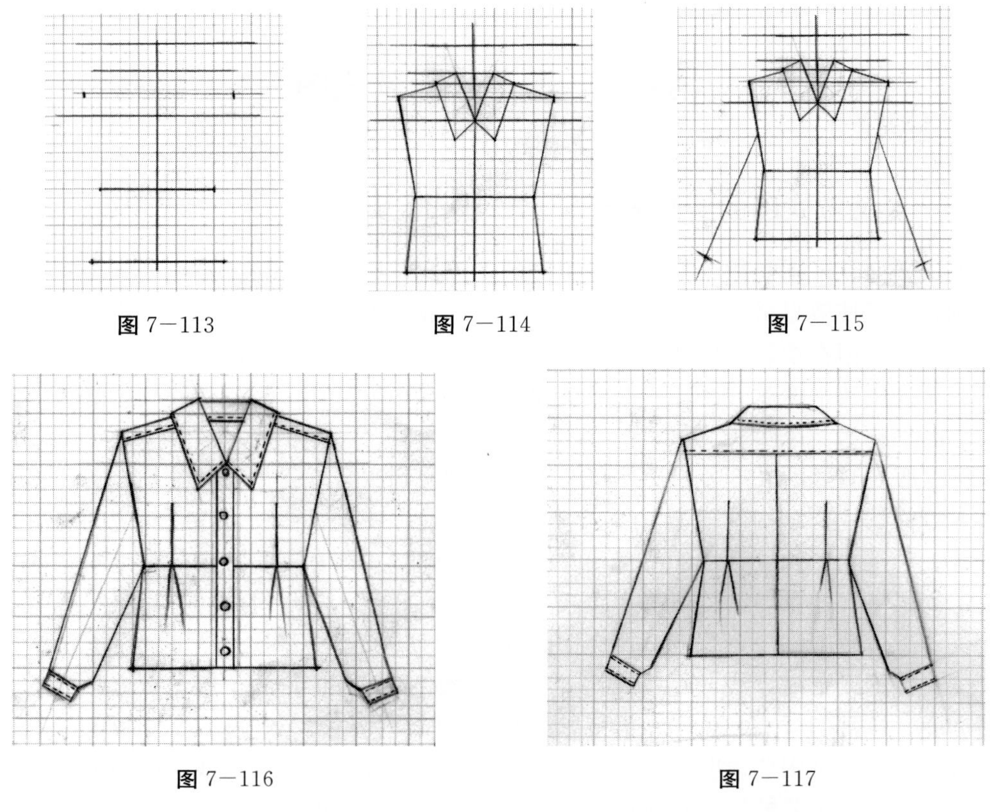

图 7—113　　图 7—114　　图 7—115

图 7—116　　图 7—117

2. 绘制裤子平面款式图的详细步骤（如图 7—118 至图 7—122 所示）

（1）通过数网格确定 4 个头长的量，即腰围至臀围、臀围至大腿中下部、大腿中下部至小腿中下部、小腿中下部至脚跟；根据头长来确定腰围、臀围的长度，即腰宽 1 个头长、臀宽 1.5 个头长；根据脚口位置确定裤长。

（2）根据服装款式的特征，明确服装的腰宽、臀宽、脚口宽度，画出裤子的外部轮廓线。

（3）画出裤子腰部细节与口袋的款式特征。

（4）画出所有的装饰明线，以服装前面款式图为基础，完成该款式的背面款式图；如果追求工整的效果，可以将绘制完成的平面款式图通过拷贝台或硫酸纸等进行拷贝，以去除背景格纹。

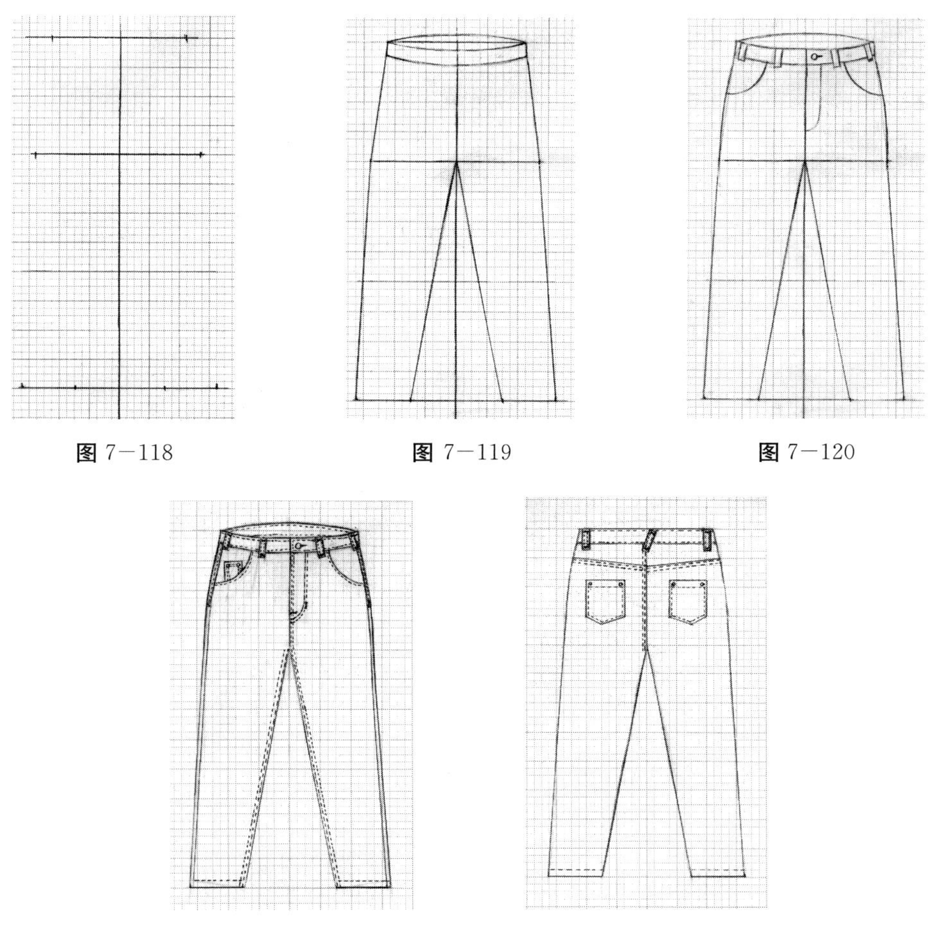

图 7－118　　图 7－119　　图 7－120

图 7－121　　图 7－122

3. 绘制一步裙平面款式图的详细步骤（如图 7－123 至图 7－125 所示）

（1）通过数网格确定两个头长的量，腰围至臀围、臀围至大腿中下部；根据头长来确定腰围、臀围的长度，即腰宽 1 个头长、臀宽 1.5 个头长；根据膝盖的位置确定裙长。

（2）根据服装款式的特征，明确服装的腰宽、臀宽、底摆宽度，画出裙子的外部轮廓线。

（3）画出裙子腰部细节及款式特征；

（4）画出所有的装饰明线，并以服装前面款式图为基础，完成该款式的后面款式图；如果追求工整的效果，可以将绘制完成的平面款式图通过拷贝台或硫酸纸等进行拷贝，以去除背景格纹。

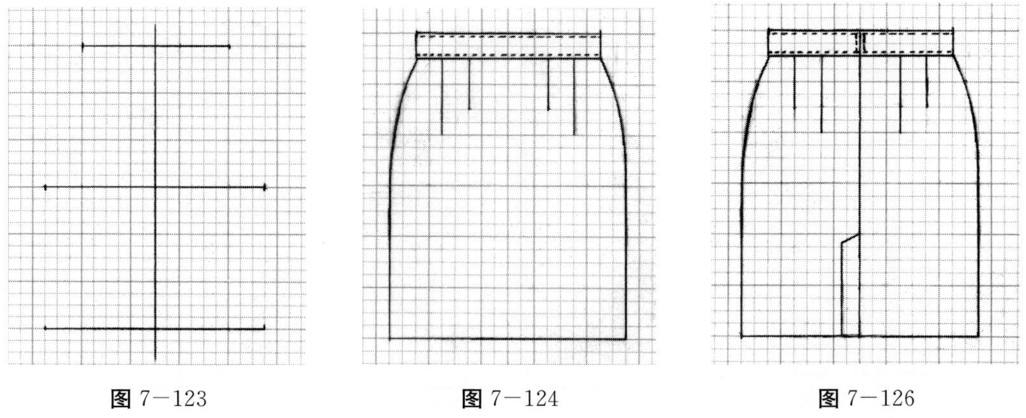

图 7—123　　图 7—124　　图 7—126

（二）模板法

根据已有的常规服装平面款式图将其修改后完成符合设计者意图的款式图，这样的平面款式图绘制方法为模板法。所必需的工具为平面款式图模板、纸、铅笔、橡皮、直尺、针管笔、拷贝台（也可替换为计算机绘图软件）。模板法绘制裤子的步骤图如图7—126至图 7—128 所示，裙子如图 7—129 至图 7—132 所示。

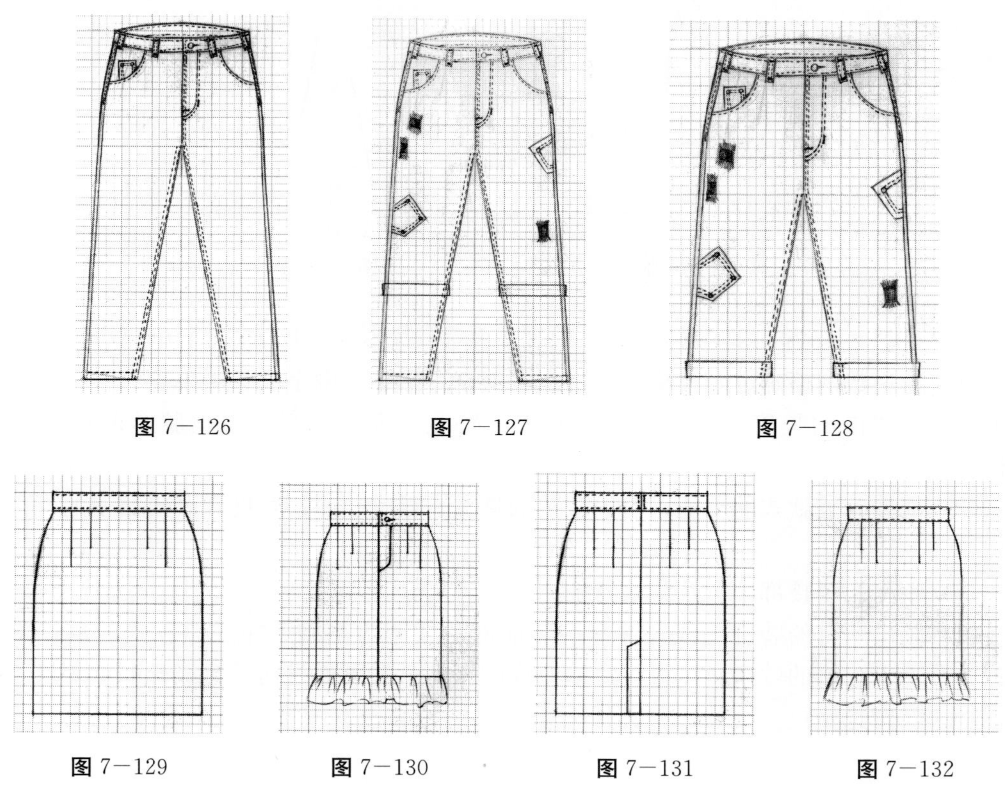

图 7—126　　图 7—127　　图 7—128

图 7—129　　图 7—130　　图 7—131　　图 7—132

（三）拓印法

运用拷贝台在 7 头身人体的基础上绘制出服装的平面款式图，如图 7—133 至图 7—

135 所示。该方法也可以用计算机绘图软件来完成。

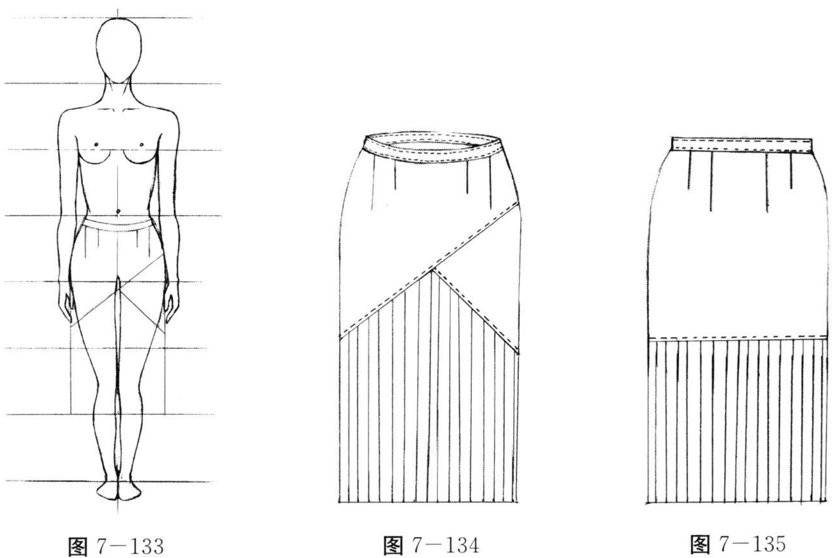

图 7－133　　图 7－134　　图 7－135

三、平面款式图实例

平面款式图实例如图 7－136 至图 7－141 所示。

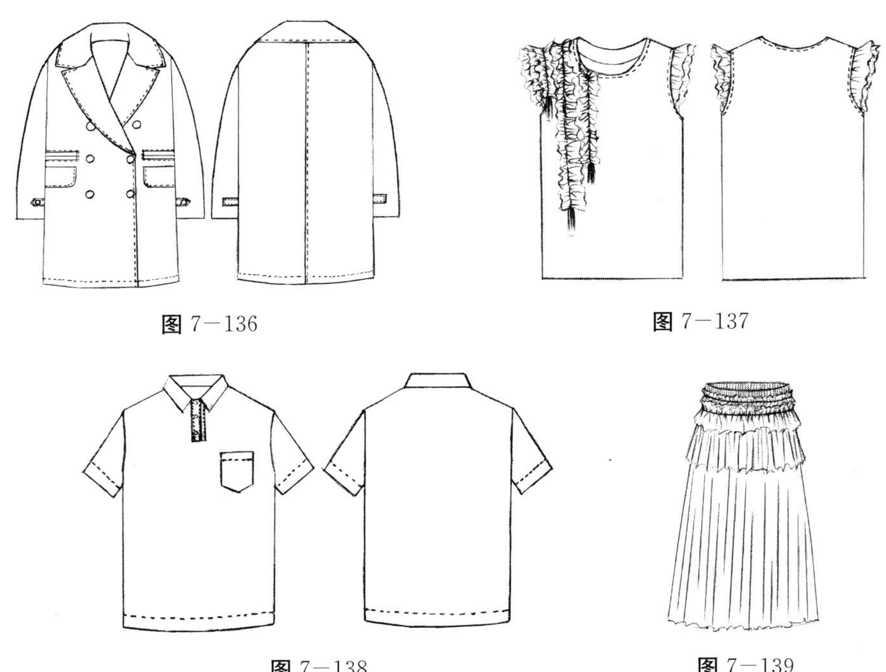

图 7－136　　图 7－137

图 7－138　　图 7－139

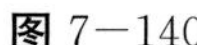

图 7－140

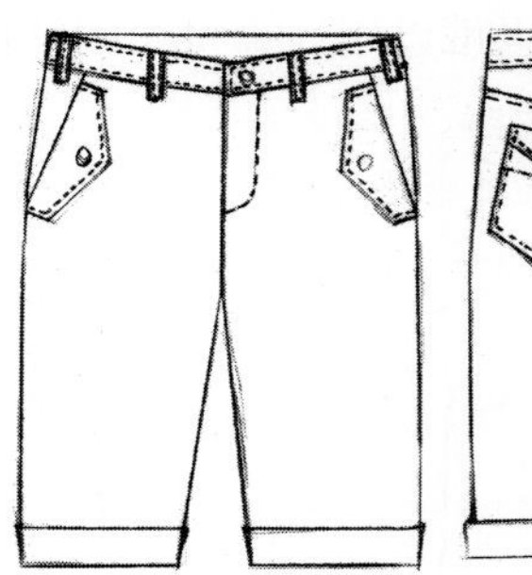
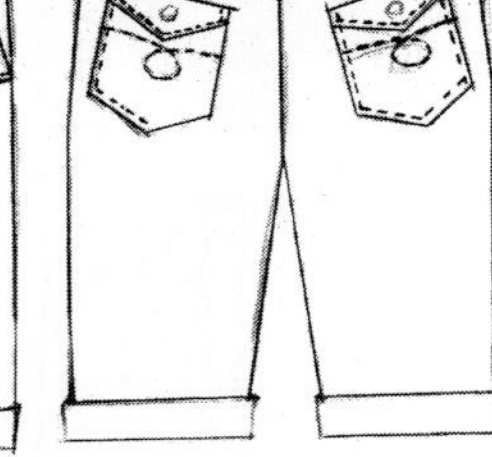

图 7－141

平面款式图学生（黄菱晰）作品实例如图 7－142、图 7－143 所示。

图 7－142

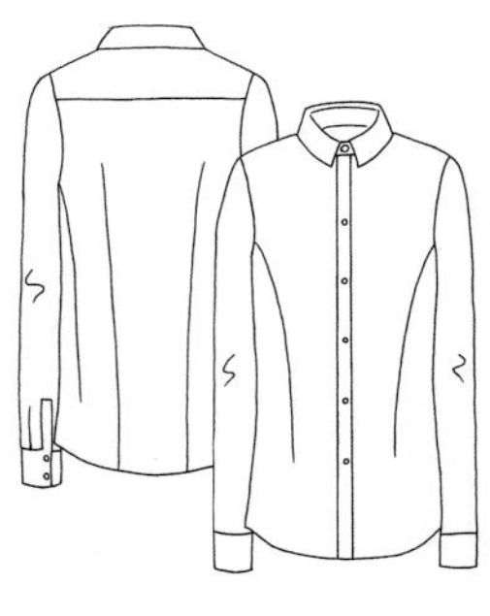
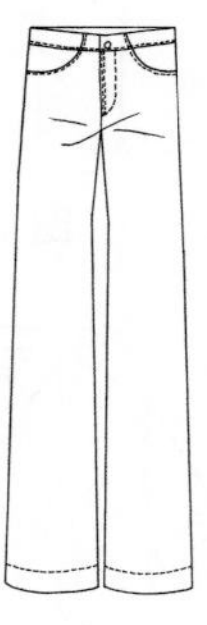

图 7－143

本节课后实践内容：

1. 不同方法平面款式图绘制。
2. 不同款式服装平面款式图绘制。

本节思考题：

1. 如果平面款式图绘制得不清楚，对结构设计及工艺设计有哪些影响？
2. 试分析服装的结构线、装饰线与服装服饰风格的关系。

参考文献

［1］阿伦·帕克. 服装设计师的速成手册［M］. 修订版. 丁雯，齐硕，译. 上海：上海人民美术出版社，2017.

［2］郝永强. 实用时装画技法［M］. 北京：中国纺织出版社，2011.

［3］高岩. 手绘服装效果图——马克笔、彩色铅笔混合着色表现技法［M］. 北京：中国纺织出版社，2015.

［4］马建栋，袁春然. 时装画马克笔表现技法［M］. 北京：中国青年出版社，2015.

［5］刘晓刚，崔玉梅. 基础服装设计［M］. 2 版. 上海：东华大学出版社，2015.

［6］Giglio fashion 工作室. 时装画人体表现技法［M］. 北京：中国青年出版社，2012.